ちくま新書

メディアが動かすアメリカ

——民主政治とジャーナリズム

1518

渡辺将人
Watanabe Masahito

メディアが動かすアメリカ——民主政治とジャーナリズム【目次】

はじめに

†アメリカメディアの没落？

かつてアメリカのテレビニュースは日本の放送ジャーナリズムのお手本だった。ベトナム戦争への否定的報道でジョンソン政権のホワイトハウスを震え上がらせたＣＢＳ放送ウォルター・クロンカイトの「ＣＢＳイブニング・ニュース（CBS Evening News with Walter Cronkite）」、インタビューを衛生中継「公開尋問」にしてしまったＡＢＣ放送のテッド・コペルの「ナイトライン（Nightline）」、勧善懲悪型の「調査報道」の草分けとされるＣＢＳ「60ミニッツ（60 Minutes）」など、いずれも権力と対峙するジャーナリズムの中心を担ってきた。

ニュースのフォーマットもアメリカ式が目指すべき最終形態だとされ、それにより日本の放送ジャーナリズムの質の底上げが実現されてきた。アナウンサーの影に隠れがちだったテレビ・ラジオの放送記者を世に知らしめることを意識した放送界の先人もいた。

平野次郎『テレビニュース』（一九八九年）は放送ジャーナリズム論のテキストとして今でも必読の価値がある。ＮＨＫの記者だった平野氏は、新聞記者がペンで記事を書くように、放送記者はマイクを握り、自分の原稿を伝えるべきだと喝破《かっぱ》した。記者が書いた原稿をアナウンサーが読む、いわゆる「アナ読みニュース」が支配的だった日本で、アメリカでは当たり前のこととして定着していた「記者読みニュース」を浸透させるべく、平野氏は和製英語の「キャスター」ではなく、アメリカ式に「アンカーマン」と自称した。昭和と冷戦が歴史になり、平成が始まった頃だった。

あれから三十余年が経過し、ニュースをとりまく状況は時代とともに変化した。

一つは、日本のテレビジャーナリズムが、結果としてアメリカの放送ジャーナリズムのスタイルとは少し違う方向の「独自の進化」に舵を切ったことにある。一九八〇年代までＮＨＫが牽引してきた日本のテレビニュースの世界は、民間放送のニュース番組の台頭で相対化されていった。アナウンサーが淡々と読み上げるだけのニュースの割合は減っていったものの、アメリカ式に記者リポートの数珠つなぎだけで構成される番組にはならなかった。スタジオでフリップや模型を使い、コメンテーターという「ご意見番」と共に解説する、スポーツから天気予報までが詰め込まれた日本式の総合ニュース番組が視聴者に好まれるようになった。

また、「ワールドビジネスサテライト」（テレビ東京系列）のような経済に特化した総合ニュースも長寿番組化した。これは本来アメリカであればＣＮＢＣ（経済専門ニュースチャンネル）で放送されるような角度をつけた専門番組であり、地上波でしかも深夜枠での成功はビジネス大国の日本らしい現象だった。

もう一つは、アメリカのテレビ界の急激な変化だ。一九八〇年代までのアメリカは三大ネットワークの栄華の時代だった。その後、湾岸戦争や天安門事件など国際報道で底力を見せたＣＮＮの伸長で、二四時間ニュース専門のケーブルテレビが主流になった。一九九〇年代に保守系のＦＯＸニュース（FOX News Channel）が誕生し、保守・リベラルの政治イデオロギーを押し出して伝え、報道機関の「中立の放棄」が蔓延した。テレビの影響力は完全に衰退したわけではないが、個別のリポートだけをネット配信するニュースのセグメント売りも加速化している。テレビニュースの景色はだいぶ様変わりした。

最先端のアメリカのテレビジャーナリズムには、スター的なアンカーやインタビュアーの偶像化や神話化が基本にあったが、メディアリテラシーの浸透でテレビの属人的な神通《じんつう》力《りき》が効かなくなりつつある。社会が多様化し「テレビ有名人」がニュース業界では成立しにくいなか、二〇世紀的なテレビの視聴習慣が薄れ、看板ニュース番組の「著名」アンカー（キャスター）の名前を知らないアメリカ人も若い世代にはどんどん増えている。

本書はアメリカのメディアとりわけテレビの事情に焦点を絞る。それは日本のモデルであり模倣の対象だったアメリカのテレビニュースの発展、没落と混迷、希望を見届けておくことが、トランプ政権以後のアメリカを考えることとも表裏一体になっているからだ。発展はともかくとして、没落と混迷とは何か。

†テレビジャーナリズムは三回死んだ

アメリカのテレビジャーナリズムはすでに何回か死んでいる。

一回目の死は、一九九〇年代後半から顕著になったニュースのエンターテイメント路線である。アメリカではニュースの商業化の末路として、アンカーのタレント化、ニュースのタブロイド化が末期症状を迎えた。

それは、かつてNBC放送の敏腕女性記者として活躍し、CNN副社長にまで昇り詰めたボニー・アンダーソンが早期から警鐘を鳴らしてきた問題だ。アンダーソンは、二〇〇四年にアンカーの選抜基準や契約金の額まで晒す暴露本に近い『ニュース・フラッシュ』という業界批判の書を記して、テレビニュースに絶望して失意のまま業界を去った。それから一一年後、二〇一五年にNBC放送の旗艦《きかん》的番組「ナイトリーニュース（NBC

Nightly News)」のアンカーマンによる「虚言事件」が明るみに出た。しかし、NBC放送は短期間の謹慎処分だけでこのアンカーを現場復帰させ、報道倫理の歴史に悪しき前例を残した。アンダーソンの警告は現場にも視聴者にも響かなかった。

二回目の死は、一九八〇年代から一九九〇年代にかけて激しくなった政治コメンテーターの跋扈《ばっこ》によるジャーナリズムの腐敗だ。具体的には、ディベート番組〝もどき〟の乱立と、政治広報と報道の境界線の消失である。ここでは、政治コンサルタントのメディア利用にジャーナリズムが巻き込まれた。ジャーナリストのジェームズ・ファローズが先駆的に警鐘を鳴らしてきた問題だ。これはのちに、放送の規制緩和で増殖した政治トークラジオの「テレビ化」により生まれたFOXニュースとオピニオンショーの全盛をもたらし、そして左右対立を軸にしたアメリカの分極化を加速した。

さらに三回目の死として、決定的だったのは二〇〇一年九月一一日にニューヨークとワシントンを直撃した同時多発テロ、九・一一である。九・一一後、アメリカのメディアは愛国一色に染まり、どこかおかしいと感じた若者から順にテレビニュースから離れていった。

†九・一一後の醜態

折しも、九・一一の一年近く前の二〇〇〇年大統領選挙特番の夜、ネットワークのニュースは民主党の候補だったアル・ゴア副大統領の当確を打ったかと思えば、共和党のブッシュ息子が勝利したかもしれないと、一晩に「誤報」を何度も繰り返し、視聴者を混乱に導いていた。当確速報というテレビには死活的な分野で信頼を失ったのだ。その後にフロリダ州と司法で展開された「再集計」問題は、候補者の遊説《ゆうぜい》と支持率を追うだけの「競馬レース」中継で選挙を伝えてきたネットワークの経験値をおよそ超えていた。

ただでさえネットの浸透で視聴率が低下傾向にある中、アメリカのリベラル系メディアはイラク戦争に歯止めをかけず、自殺行為の上塗りをした。まるで総じてFOXニュース化であった。ウォルター・クロンカイトという神様扱いをされていたアンカーの正統な後継者で「ミスター・アンカーマン」的な存在だったCBS放送のダン・ラザーは、この風潮に反発してブッシュ大統領批判に固執し、大統領の州空軍での特別扱い疑惑を報じた。しかし、スクープを焦るあまり証拠不足での勇み足となり失脚する。その名誉は、当時の番組プロデューサーの自伝に依拠した映画「ニュースの真相（Truth）」（二〇一五年）が公開されるまで長く回復しなかった。

アンカーの「TVバニー」化（「可愛いテレビうさちゃん」化）、元政治スタッフによるニュース解説の党派的な偏向、九・一一後の言論の一元化が相次ぎ、その反動として保守とリベラルに分極化したオピニオンショーが花盛りを迎えた。均等に双方の立場の意見を戦わせるディベート番組は姿を消し、片方に限定してオピニオンを流す「独り語り」が好評を得ている。いつの間にか「ジャーナリスト」の定義が拡大し、現場取材歴のない人が「報道」の枠でジャーナリストのようなふりをしながら、「ニュースのような論説のような」曖昧な位置づけの番組で、毎晩のように右か左に偏ったオピニオンを吐き続ける。

テレビ報道のネット動画化と揶揄する向きもあるが、オピニオンだけなら、むしろユーチューブ（YouTube）などに特定の角度で深掘りした興味深い動画は存在する。取材網の底力を放棄した報道のオピニオンチャンネル化は、テレビジャーナリズムの生き残り秘策どころか、ユーチューブの周回遅れの後追いに陥り、報道機関としての信頼と視聴者数の双方を失う可能性もある。

他方で、「三回死亡した」テレビジャーナリズムへのアンチテーゼとして花開いたのが、もともとアメリカにある風刺文化を土台にした、ニュータイプの政治的コメディ番組だった。

あるコメディアンは「擬似ニュース番組」という形態で、九・一一後の政権への腰抜け的な報道姿勢に終始するテレビニュースを風刺した。またイラク戦争批判で地上波レギュラー番組の打ち切りに追い込まれた別のコメディアンは、規制が緩いケーブルテレビに活動の場を移し、さらに過激なブッシュ政権批判を繰り出し、むしろ視聴者の圧倒的な支持を得た。彼を切り捨てた地上波の自主規制は、「視聴者のため」を装いながら、テレビ局の事なかれ主義に過ぎなかったことが露呈した。

ジャーナリストではないコメディアンがニュースを模倣した「擬似ニュース」を披露することを、当初こそ伝統的なジャーナリストは戒めた。だが、次第に主流メディアはコメディアンの風刺の影響力を認めざるを得なくなり、政権批判で彼らの発言に依存するという逆転現象が生まれる。

†エスニックメディアとは何か

また、アメリカには表のメディアの裏側にもうひとつの「見えないメディア」がある。移民大国らしく、民族・人種あるいは宗教ごとに読者や視聴者を持つ「エスニックメディア」である。アメリカ人は表のメディアで社会全体や国際情勢の動きを知りつつ、ローカルの足元のコミュニティに関しては「エスニックメディア」も手放さない。双方の動向を両睨みしないと、アメリカのメディアの全体像は見えてこない。

筆者は、二〇〇〇年にニューヨークの民主党陣営で大統領選挙と上院選挙の集票対策の仕事を行ったことがあるが、そこで立案と実施を担当したのがアジア系「エスニックメディア」を介して候補者への支持を売り込む広報戦略だった。

あれから二〇年が経過し、中国の台頭やプラットフォームの多様化でアジア系のメディアは激変期に入っている。脱テレビの時代にあって、あえてチャンネル拡大を目指すテレビがアジア系エスニック局にあるのはなぜか。テレビが衰退する一方で、新移民や特定のエスニック消費者への広告効果が見直されつつある。しかし、諸外国による水面下のプロパガンダ戦がローカルの「エスニックメディア」に入り込んできたとき、古き良き伝統でもあった「エスニックメディア」はコミュニティのためのジャーナリズムであり続けられるのか。

二〇一六年以降のドナルド・トランプやバーニー・サンダースに対する強い支持は、ワシントンの権力の一部に溶け込んでエスタブリッシュメント化した主流メディアへの人々の不満も体現していた。したがって、ネット上での「フェイクニュース」の蔓延とトランプ政権の誕生が、アメリカのテレビジャーナリズム「四回目の死」だと考える向きもあろう。

本書ではこうしたアメリカのジャーナリズムの停滞を批判的に振り返りつつ、それを元の状態に戻そうとする「抗体」としての力にも光を当てることで「見えないアメリカのメディア」を可視化してみたい。

前半ではテレビジャーナリズムの矛盾と行き詰まりを扱う。第一章ではテレビニュースの構造問題、第二章では政治メディアと広報の関係、第三章ではテレビにおける言論の問題をそれぞれ照射する。後半では「復元力」の可能性を扱う。第四章では、アメリカ固有のジャーナリズムとしての風刺、第五章では、移民メディアの多様性とその変容を確認し、終章で民主主義の要としてのジャーナリズムの価値の所在を検討する。

第一章

テレビニュース——アンカーマン神話の終焉?

†テレビニュースの舞台裏

冷戦期以降のアメリカでは、ホワイトハウスの記者への扱いでも伝統的にテレビが新聞より上位にあり、テレビニュースの重みは絶大だった。とりわけニュース番組の司会者であるアンカーマンやアンカーウーマン（日本語でいうキャスター）の社会的影響力は大きく、テレビニュースを描いた映画やドラマも少なくない。だが、それらは一九九〇年代に一世を風靡した人気コメディドラマ「マーフィー・ブラウン（Murphy Brown）」のように業界を面白おかしく描くか、ミシェル・ファイファー主演映画「アンカーウーマン（Up Close & Personal）」（一九九六年）のようにおとぎ話としてサクセスストーリーを美化するにとどまるものが多い。

そんななかで古さを感じさせない秀作が、若き頃のホリー・ハンター主演映画「ブロードキャスト・ニュース（Broadcast News）」（一九八七年）である。テレビニュースの権威の虚構性の解体を試みた、メディアリテラシー映画の先駆けだった。テレビニュースでは画面に出ていない裏方ほど往々にして重要な仕事をしているという現実を、ネットワークのアンカー神話全盛の一九八〇年代のアメリカで既に投げかけていた。また、ショービジネスかジャーナリズムか、ギリギリのラインを泳いでいたテレビニュースの現場への痛烈な揶揄でもあった。

ハンター演じるニュース番組の女性プロデューサーをめぐって、二人の男が恋愛の駆け引きを行う。仕事中心の人生を送る女性プロデューサーは情緒不安定で、男性の支えを心の中では求めている。しかし、こうしたよくある職場恋愛物語はこの映画ではおまけでしかない。本筋はテレビアンカーという職業の虚構性と、ニューヨークのアンカーに莫大なギャラを支払いながら、ワシントン支局の有能な古参スタッフをどんどんリストラする、アメリカの放送ジャーナリズムの商業性を浮き彫りにすることにあった。

取材力は抜群で原稿を書かせると右に出るものはないベテラン記者がいる。しかし、「読み」が下手でスタジオでは緊張であがってしまい汗だくになる。ようするに、テレビ向きではない。それに対して、ろくに取材力もなく原稿も書けないのだが、スタジオで〝それらしく〟見せる演技力だけに長《た》けたハンサムな新人アンカーがみるみる局の幹部に信頼され、レギュラーを獲得していく。

作品半ばで面白い「伝言ゲーム」のシーンがある。緊急ニュースの勃発で通常放送を臨時放送に切り替える「カットイン」をしたスタジオで、情報不足のままアンカーが場を繋ぐ。経験豊富な記者が非番中、背景の解説情報を局のプロデューサーに自宅から入れる。副調整室から女性プロデューサーが、アンカーのイヤホンに裏情報をそのまま伝言でささやく。するとアンカーはそれを同時にオウム返しに現場記者への質問として呼びかける。アメリカのアンカーは「シャドウイング」の能力が鍵だ。イヤホンに同時に色んな声が飛び込んできても混乱せず、それをそのままパクパク繰り返す。視聴者にはアンカーが経験豊富で、ニュースについてさも博識であるかのように見える。だが、耳に「原稿」を口頭で入れているのはプロデューサーであり、さらにそのプロデューサーに情報を入れているのは、読みが下手でハンサムでもないが、独自の情報源と勘に優れたベテラン記者だ。アンカーとしての成功とジャーナリストとしての能力が反比例すると言わんばかりに、この作品はこれと似たようなシーンをこれでもかと描く。

さらにこの映画は、インタビューの手法に関する倫理的問題も問いかけている。通常、ロケ取材の場合、ハンディのENGカメラが二台ないとインタビュアーの表情を撮ることはできない。放送で使える重要な発言をどのタイミングで発するかわからないので、取材相手に据えたカメラの向きは動かせないからだ。

では、一台しかない現場ではどうするか。インタビュアーの表情は、事後か事前に「別撮り」する。シーンの雰囲気を作るために「必要悪」として現場で黙認されてきた手法である。手元や口元の「寄り」、ツーショットの「広い画《え》」など、編集段階で「つなぎ」に使いやすい余録カットを撮るのもインタビュー後だ。わざと必要のない雑談で引き延ばして、それを「インタビュー中の風景」にしてしまう。しかし、「必要悪」の領域を超えた過剰演出の誘惑も忍び寄る。

ケーブルテレビのニュース専門局も未成熟で、インターネットも普及していなかった時代、恋愛映画のふりをした本作は、一般の観客が置いてきぼりになるのではないかと心配になるほど、放送ジャーナリズムの根源的な問題をいち早く掘り下げていた。

†何を選び「ニュース」に仕立てるのか

テレビニュース史を再確認するには、報道の「可能性」ではなく、「制約」の話から始めなければならない。そしてそれは報道の特質と表裏一体だ。メディアによる報道はチャンネル数や放送時間という量的な有限性に縛られる。それがゆえに扱われるニュースは相対的なものでしかない。また、「ニュース」には時限性がつきもので、ネットやCNNが普及した「二四時間ニュースサイクル」の現在も基本的にはデイリー、すなわち「一日」が一単位となっている。ニュース原稿の時制は「今日」が基本だ。「昨日」「昨夜」が許されるのは、朝ニュースまでだ。

仮決めのニュース項目のサイクルも一日が基準になる。ニュース取材は起こった事件すべてにモグラ叩き的に即応しているわけではなく、取材する予定の「項目」は前日の予定会議で半分以上は決まる。カメラクルーや記者の数に限界がある以上、派遣する現場を絞らないといけないからだ。

プロデューサーやデスクが、数多《あまた》ある事象を「ニュース」に仕立て上げる。しかも、何をどうニュースに選んでいるかが外部には可視化されにくい。この価値判断の大きさに比べれば、映像の編集の演出方法などあくまでディテールに過ぎない。

アメリカでいうエグゼクティブ・プロデューサー、日本のデスクに求められる能力は、どの事件や事案をトップにして、マンパワーをどこに配置して、中継車をどこに出し、どの時間に衛星回線をおさえ、何を諦めて切り捨てるかを、横目で他のメディアの動き、社内の幹部の空気を読みつつ、最後は経験という数値化困難な「嗅覚」で決める力である。

ニュースの枠と紙面は有限だ。通常放送に割り込む「カットイン」ですべてを特番にしても一つのチャンネルで二四時間しか使えない。現実には広告収入へのダメージがあり、民間放送では報道がそれをやりたくても編成や営業が許さないこともある。新聞の頁数も限られている。号外は出せてもニュースの量に応じて日ごとに分厚くするわけにもいかない。

つまり、世の中の森羅万象を伝えきることは、そもそも不可能であり、「選ぶ」仕事がメディアに与えられた最大の権力になる。「これが今日の世界です」という切り取りである。新聞に載った、テレビで報道された、という時点で編集権が行使されたことになる。

　現代ではネットの編集権も甚大だ。まずなにを取材し掲載するかメディアが選び、世に出た記事のどれをリンクするかをネットが選ぶ。ヤフーなど影響力のあるポータルサイトで掲示される数本に入れれば世論を大きく動かす。そこで「見出し」をどうつけるかの影響は、新聞やテレビとは比べ物にならないほど大きく、オリジナルの記事の意図を歪める力も、輝かせる力もある。

　そしてサイトでリンクされない記事は、この世に存在していないも同然の扱いになる。「二重のふるい」は話題にするだけの価値の証明ともいえるが、選ばれなかった「伝えられていない世界」の度合いは逆に深みを増し、「選ばれた」記事のトーンだけで仮想的に世界観が構築されていく。つまり、大手メディアは元栓の編集権は握りつつ、ニュースの流通と印象を決める編集権をネットに部分的に委ねるに至っている。

　いずれにせよ、テレビでは「どういう技巧や表現で伝えられたか」以前に、世界中の事件、事故、現象の何を、数少ない枠で扱うことにしたのかが重要だ。この選抜は「ニュース」の絶対的バリューだけでは決まらない。組織の予算や規模に左右されるものの、テレビであれば、あくまで直近のニュース枠つまり番組から逆算して決められることになる。

†ニュースの「色」と「条件」

ここで便宜的にわかりやすく分類すると、番組の「色」は概《おおむ》ね七つの要素で決まる。

一つは国・文化圏の色（民主主義、権威主義など政治体制と地域の文化）、二つは経営形態の色（公共放送、民間放送、キー局、ローカル局、コミュニティ局）、三つは局の色（系列や局全体あるいは報道局）、四つはニュース番組の色（朝、昼、夕方、プライムタイム、深夜、経済、ワイドショー）、五つは曜日の色（曜日ごとの特集、コーナーに制約される構成）、六つは局幹部の色（報道担当役員や報道局長、プロデューサー）、七つはデスクの色（日替わりデスク制の番組で、その日のデスクは誰か）。

したがって、ある年ある日の番組だけを抽出して分析して、それが当該の局の性質を代表しているとは言えない。同一局内の番組の色も、プロデューサーやデスクの個人的な色に左右される。デスクの経験が違えば、同じ番組でもトップ項目や中継車を出す先の判断が違う。政治部系デスクの日に国会ネタを売り込むとトップ扱いになるし、社会部系デスクの日は事件や事故の現場中継が大展開になりやすい。局の個性の中に番組ごとの個性という「例外」が存在し、その中にさらに曜日や局幹部、そして日替わりのデスクという「例外」が存在する。そして「何が報じられたか」ではなく「何が取材対象から外されたのか」に価値判断が滲《にじ》み出す。「局の色」という一般化をオンエア画面だけから導くのは限界がある。

編集も完了し送出されるのを待つばかりのVTRが、放送一分前に無惨にもお蔵入りになる。「フラッシュニュース」という三〇秒の短いニュースはわざと多めに用意される。番組の時間が足りなくなると「クッション」に使われるのだ。「フラッシュ六番、外相会談、落ち」とデスクが叫んで、そのニュースの「命」はあえなく終了である。記者クラブから「どうしてですか」と抗議をしても空しい。コメンテーターの発言が長引いただけで、紙一重で「ニュースの屍《しかばね》」が次々と堆積する。カメラマンも編集マンもこのサイクルに慣れないと務まらないし、だからニュースには「作品」のような思い入れをもてない。

ニュースはデイリーの「時限性」からも逃れられない。事件事故など、その日のトップニュースがあるとする。現場に行き、オンエアに向けて取材し、中継する。だが追加取材をすることはあっても、翌日に別の大きなニュースが組まれていれば、基本は「撤収」である。そしてそのニュースは以後フォローされない。

デイリーのニュースの特性として、「発生した」「起きた」ことをひたすら伝えるというものがある。フォローを優先できないのは日々新たな「発生」があるからだ。「発生」時点だけに焦点を絞って報道することがニュースとしては平等で、過去ニュースの継続観察も「ニュース」の定義に含めると、その選択がまた恣意的になる。政局でも凶悪事件や震災でも、大きなニュースが伝えられるのは、会見でも公判でも刑の執行でも、それに関する新たな「発生」が生じたときになる。たとえば「きょうで何周年」などと書けないとニュース化できない。

「最近、こういう動きが強まっている」という時制のない「話題」をニュース化するには、「きょう、こんな新商品の発売が発表された」とか「きょう、国会でもこの法案が審議入りしたが」という梃《てこ》があって、はじめて「さて、これに対応する動きも」と企画のネタにつなげられる。デイリーのニュースでは「なぜきょう報道するのか?」という理由が必要だ。

この「梃」を視野に「関連ニュース」と企業の新商品や政治家のプロモーションをセットで売り込んでくるのが、やり手の広報である。報道で「きょう」扱うなにか正当な「口実」がニュース化には要《い》る。「口実」への目配りがないままリリースを洪水のように送りつけても広報効果は薄い（広報の話は本章の軸からずれるので次章でじっくり検討する）。

このように、現場は新たな「発生」にエネルギーを費やされる。フォローは調査報道的な番組班や遊軍の仕事だから、それは役割分担だという考えもある。しかし、取材源に日常的にアクセスしていないと、ニュースの背後や経緯などのニュアンスが見えにくいというジレンマもある。

†テレビニュースの「血」と「肉」

ところで、テレビ報道についてかなり浸透している誤解もある。

一つ目は、「テレビは現場の「画《え》」がないと何もできない」という説だ。実際は映像が何もなくても形にするのが表現の力技で、映像がないという理由でニュース化を拒否していたら、ほとんどのものがニュースにできなくなる。経済ものなどは、空撮や通勤客が歩く姿などの資料映像や「フィラー」と呼ばれるイメージ映像化でグラフをのせてニュースにする。

二つ目は、「テレビは速報に価値がある」という説だ。たしかに、組閣人事、災害、死刑執行では通常放送の画面の上にニュース速報を入れる。しかし、画面に速報スーパーを入れるほどの事態は頻度としてはかなり稀である。普段のニュースは通常のニュース番組の中でしか「速報」も表現できない。新聞と比べれば「速報性」があるように見えるだけで、基本は一日に数回しかないニュース番組のどこかで消化される。番組と会見がたまたま重なりライブで報道できれば強みが発揮できるだけで、二四時間ニュースチャンネルでない限りは、番組時間中のニュースでなければ、次回の報道番組のオンエアまで手も足も出ない。また、ネットでの競争となれば通信社の速報力には敵《かな》わない。

テレビは、各家庭で「家具」化したデバイスを介した集団的同時視聴という社会的システムに強みがあったが、スマートフォン視聴の普及でこの点も形態を変えつつある。視聴形態が変容しても揺るがないテレビの特徴は、「マルチ」な映像音声表現の総合アートであることだ。テレビのＶＴＲという「身体」は、以下のような「血」と「肉」で造られている。

第一要素は「映像」である。これは基本の素材で説明の必要はないだろう。過去のニュース映像や、当日撮影した現場の映像素材だ。アメリカでは一九六〇年代まではフィルムだったが、一九七〇年代から電子媒体に移行し、一九八〇年代には肩担ぎ式のＥＮＧカメラでの現場取材が主流化した。性能の向上によって小型デジタルカメラでも地上波放送に耐え得るようになり、密着時の威圧感が軽減され、記者がカメラマンを兼任できる機動性から、ドキュメンタリーでは全篇小型デジタルカメラの映像も少なくない。また、近年革新的なのはドローンカメラで、クレーンカメラとヘリコプター空撮の双方を兼ね合わせた俯瞰表現や、危険な場所での無人撮影も可能になった。

第二は「音声」。つまり、インタビューやぶらさがりなどで得た出演者の発言音声である。英語ではサウンドバイトという。放送できる精度の音声を収録するには、ピンマイクやハンドマイクでの集音が必須だが、アメリカの現場では議会内のぶら下がりでも棒状ガンマイクを使うことが少なくない。取り込まれてしまう風の音や、サイレンなど背景の音を活かす表現もある。インタビューや会見の一部を切り取る「音切り」による文脈からの切り離しの恣意性は、放送ジャーナリズム永遠の問題である。

第三は「字幕スーパー」。画面斜め上のサイドスーパー、原稿の要点をまとめた内容スーパー、発話字幕のコメントフォローなど様々なテロップを多用する日本や台湾など東アジアと異なり、アメリカのテレビでは好まれない。テレビニュースで視覚的に読める日本語字幕の最低秒数は五秒間で二行程度が限界で、本来なら一〇秒程度はしっかり出したいが、あまり長時間同じ字幕が出ていると単調に見えるので、二行目を追加（チェンジ）で入れて動きをつける。サイドスーパーなども日本独自の工夫で、アメリカのニュースは途中から視聴すると、いったい何のニュースなのかわからないことがある。

第四は「CG」。アメリカでは「グラフィック」というが、番組冒頭のオープニングタイトルから、項目、名前、グラフまで技術進歩が著しい。三次元CGなど選挙特番などでキャスターの隣に等身大の立体棒グラフが伸びたり、バーチャル風にCGを使えばほとんどのことができてしまう。背景に別の映像を貼り付けるクロマキー合成しか存在しなかった時代とは大違いである。

第五は「音楽」。ニュースの背景に音楽をかける行為の是非は答えの出ていない議論だ。日本では短めの項目的な「フラッシュニュース」ではかけることが少なくない。軽快な音楽が好まれるのは、単調なニュースでも視聴者を逃さず、重要で深刻な出来事が起きたように感じさせる効果も狙ったものだ。しかしこれは、センセーショナリズムを助長する象徴でもある。アメリカでは派手な音楽は、オープニングとコーナーの合間だけで、ニュースの最中の使用はスポーツや経済の株式情報などに限られる。いわゆるSE（サウンドエフェクト・音響効果）はアメリカでも好まれ、新たなニュース項目のたびに風が吹くような音や金属的な音を多用する。

第六は「ナレーション」である。VTRにナレーションを事前に録音する方法が多い。アメリカの番組では、遠隔地にいるナレーターの音声をリモートで採取した編集も行う。日本ではナレーションの絶妙な「間」を重視するので現場での対面録音を好むが、アメリカでは音声はサンプリングされた音に過ぎず、日本の現場のナレーションへのこだわりを聞くと、彼らは一様に驚く。

†「演劇鑑賞スタイル」と「情報伝達スタイル」

編集上、アメリカのテレビニュースに特徴的なことがいくつかある。一つはVTRの

「テンポ」を重視することだ。画面の切り替わりが速く、サウンドバイトも短い。小刻みにカットが替わり、発言が数秒だけ、文字通りたたみかけるようにかぶさる。「単調で冗長な映像や音声ではチャンネルを替えられてしまう」という強迫観念が煮詰まった結果だが、サブリミナルな印象操作と紙一重のこともある。ただ、これはネットワークでエスカレートした慣習で、公共放送PBS、議会放送C－SPANなどの番組では、じっくり発言を聞かせるスローな編集が多い。

アメリカの政治家はサウンドバイトに収まるように短く答える。筆者はイリノイ州の大学院で研究を本格化させる前、ミネソタ州の大学（ウィスコンシン州境）にも学んだことがある。学業の傍ら、公共ラジオNPRのウィスコンシン支局インターンを務めたが、そこで上司のプロデューサーにしつこく指導されたのが「秒数感覚」だった。彼は地元選出のラス・ファインゴールド上院議員（当時）に質問するとき、常に一四秒の回答が何個か得られる短い聞き方しかしなかった。そして議員も一つの答えを一四秒以上で回答しなかった。

アメリカの政治家が一問一答で短くしか答えないのは、メディアの都合におもねっているわけではなく、放送局側が編集する際に、文脈から切り離した勝手な「音切り」をさせないようにする防衛策だ。発言の深みを削ぐという欠点は否めないが、テレビではどのみち数秒しか使われない運命にあるのだから、誤ったニュアンスに操作されるくらいならば、濃さを落としてでも正確に伝えることを優先したメディア戦略である。

アメリカのテレビニュースのもう一つの特徴は、スタジオ演出がきわめて単調であることだ。基本的にアンカーの役目はVTRに振るだけ。スタジオ出演は司会進行の一人か二人だけが多い。日本の報道スタジオで多用する「フリップ」と呼ばれる図解用の厚紙もアメリカにはない。グラフはCG画面をそのまま「撮りきり」で視聴者に見せる。

日本の番組が、スタジオの出演者による「仲間内の会話」を視聴者が外から覗いて楽しむ「演劇鑑賞スタイル」なのに対し、アメリカの番組は、限定された出演者がカメラ目線で視聴者に直接語りかける「情報伝達スタイル」であり、これはバラエティや情報番組についても同様に見られる文化差である。

日本のワイドショーでは、司会者やコメンテーターがVTRの感想を語り合う「光景」を視聴者に見せるが、アメリカの芸能情報番組「エクストラ（Extra）」「アクセスハリウッド（Access Hollywood）」「インサイド・エディション（Inside Edition）」などいずれも一人か二人のアンカーが、カメラ目線のままVTRを紹介していく形式で、構成は報道ニュースと変わらない。芸能レポーターはスタジオには出演せず、アンカーも感想はあまり言わない。

夕刊紙紹介からボードでの図解まで、フルコースの日本的なワイドショーを見慣れている人には、きわめて単調でつまらなく見えるだろう。日本の視聴者は出演者たちの関係性にも小さなドラマを見いだして楽しめるが、アメリカでは出演者は情報を淡々と伝えるメッセンジャーでしかなく、「雑談」も朝のショーの一部やスポーツ解説番組以外では好まれない。

†記者がニュース番組の司会を務める不文律

アメリカではニュースキャスターのことをアンカー（Anchorman, Anchorperson, Anchorwoman）という。アナウンサー（Announcer）の役目はナレーションに限定されていて、ニュースの読み手として画面に顔を出す人はアナウンサーではない。そもそもバラエティの司会からニュースキャスターまでをこなすマルチなコミュニケーターとしての日本式のアナウンサーという職種はアメリカには存在しない。

そのため、報道番組で読み手を務める日本のアナウンサーが、アメリカで「アンカー」と名乗ると、記者だと勘違いされる。これは日本のアナウンサーがアメリカ留学する際にもしばしば生じてきた誤解だ。「どうしてゲームショーのホストがイブニングニュースのアンカーをしているのか」とアメリカの大学関係者は、英文履歴書を眺めていつも首を傾《かし》げている。かつて久米宏氏を取材したCNNも、ニュース番組の著名アンカーが記者ではないどころか、歌番組の司会者出身だと知って仰天していたことを久米氏は自著で回顧している。

東アジアの民主化されたメディアでも、女性キャスターの位置づけからして多種多様だ。台湾は記者がニュースを読むアメリカ式の伝統に近いが、韓国は日本の放送界と比較的似ている。筆者がコロンビア大学の研究所にいたとき、韓国KBS放送から派遣で来ていた女性アナウンサーが同僚にいたが、英文名刺の肩書きはAnnouncerのままだった。Anchorという「超訳」でアメリカ式のジャーナリストであるアンカーを想像させることを躊躇《ちゅうちょ》していたためである。一方、台湾のニュース専門局「三立新聞台」の看板司会者である廖筱君氏もニューヨーク滞在経験があるが、彼女は名刺に英文でAnchorと刷り込んでいる。経済新聞を皮切りに複数局を渡り歩いた記者出身だからだ。

もっとも日本のアナウンサーにも例外はあり、アナウンサーに記者経験を事後的に積ませる日本オリジナルの方式も増えつつある。経験豊富な記者でキャスター的な反射神経にも長けた人はごく一握りだ。そこでアナウンサーを報道の現場で再教育する折衷《せっちゅう》案が生まれた。これも序章で述べた日本が辿った「独自の進化」のひとつだ。

さて、アメリカのテレビニュースは伝統的に三大ネットワーク（キー局）のCBS、N

BC、ABCが主導してきた。一九三〇年代末から一九四〇年代にかけて、ラジオが国民的なイベントを報道するメディアになり、聴取者数が新聞の購読者数を抜いた。戦後になるとテレビがラジオに取って代わる地位を占め、一九六〇年代には九割近くの世帯にテレビが行き渡った。

アメリカには寄付金と一部広告費で運営されている公共放送（テレビがPBS、ラジオがNPR）はあるが、NHKのような規模の公共放送は存在しない。そのため歴史的にテレビ報道も民間放送が牽引してきた。黎明期《れいめいき》から放送ジャーナリズムの「商業化」は自然な状態と見られていて、ニュースで視聴率を稼ぐこと自体が特別に白眼視されることはない。

†NBC放送アンカーマン降板事件

二〇一五年、三大ネットワークの一つであるNBCの夕方ニュース「ナイトリーニュース」のアンカーマン、ブライアン・ウィリアムズが、半年間無給の謹慎処分を下される事件があった。二〇〇三年のイラク戦争取材中に、搭乗していたヘリコプターが攻撃を受けて不時着したと偽りの発言をしていたことが明らかになったためだ。ウィリアムズの名前は番組から外され、別のアンカーが代役を務めた。アメリカを代表する大物アンカーの突然の「失脚」に、アメリカのジャーナリズムの現場は動揺した。なぜこれが深刻な問題と捉えられたのか。事態はアメリカのテレビジャーナリズムをめぐる本質論に絡む。

国内でも地域間で時差のあるアメリカでは、三大ネットワークの夜のニュースは、東部時間一八時三〇分、中西部時間一七時三〇分から三〇分間生放送される。ニュース番組名には各局"Nightly""Evening""Tonight"などの語を用いるが、日本の放送では「夕方ニュース」に相当する時間帯である。ちなみに、西海岸の太平洋時間では現地一八時三〇分に放送されるが、それは新規のニュースを加えた別バージョンになっている。それがアラスカ州、ハワイ州などでも録画放送されている。

問題の発端となる最初の報道は、二〇〇三年三月二六日放送のNBC放送の特集番組「デイトライン(Dateline)」だった。ウィリアムズが「ナイトリーニュース」を前任のトム・ブローコーから引き継いだのは二〇〇四年で、それ以前は二〇〇二年までケーブルの姉妹局MSNBCで「ザ・ニュース(The News)」のアンカーを務めていた。イラクへ取材に出かけたのは、帯番組に縛られていなかった空白の時期で、地上波夕方番組を背負う直前でもある。つまり、長期の取材に出られる自由を満喫していた頃、たまたまニュースバリューの大きいイラク戦争が勃発した。

現実的に「ニュース運」にキャリアを左右されるジャーナリストとしては、タイミングに恵まれたと言える。「武勇伝」の一つや二つを担いで、凱旋帰国で新番組をスタートさ

写真1　ブライアン・ウィリアムズ（中央）問題でヘリコプターのパイロットの証言を報じるメディア

せたいという感情がウィリアムズに湧いたとしても不思議ではない。イラク戦争の「危険に満ちた」取材は、彼にとって「現場取材」として思い入れの対象となり、他のアンカーと自らを差異化できるチャンスだった。しかし、これが皮肉にも一〇年越しでの降板の原因にもなった。

ウィリアムズは、自分が四機の大型ヘリの「チヌーク」のうちの一つに乗っていた際、突然前を飛んでいる一機がロケット推進擲弾《てきだん》の被弾で消えたと「デイトライン」では伝えた（ヘリは橋建設の資材の輸送任務中であった）。四機が不時着して砂荒らしの中で三日間耐えた末に救出されたとも伝えている。しかし、それ以上は被弾について大袈裟な報道はしていない。

ところが一〇年後、ウィリアムズはCBSの深夜の人気コメディ番組「レイトショー（Late

Show)」に出演し、ホストのデイビッド・レターマンに自慢げに砲撃の体験を語り、被弾した二機のヘリのうちの一つに自分も乗っていたと発言したのだ。レターマンが「嘘でしょう？」と驚くと、「RPGとAK47の攻撃を受けました」とウィリアムズは神妙な顔で答えた。

また、ポッドキャスト・ラジオの出演でも同様の武勇伝を語り、「死ぬかもしれないと思いましたか？」と質問され、「一瞬、もちろんそう思いました」とまで答えている。さらにウィリアムズは二〇一五年、自分の番組「ナイトリーニュース」で「一二年前、イラク侵攻の最中、ロケット推進擲弾に撃ち落とされた」と伝えた。アイスホッケーのニューヨーク・レンジャーズの試合観戦に、ヘリ被弾の際に救ってくれたという元上級曹長と登場。それを自分の番組で扱う上で補足説明をするための発言だった。

この報道をきっかけに、「被弾したヘリに彼が乗っていた記憶はない」と当時現場にいた兵士がフェイスブックに書き込んだことで騒ぎが始まる。しばらく沈黙を守って様子を見ていたウィリアムズは、被弾したヘリコプターには乗っていなかったと数日後に認めて謝罪した。

その後、ヘリコプターのパイロットや関係者が続々と証言をしたところ、ウィリアムズとカメラクルーはたしかに「チヌーク」に乗っていたのだが、それは被弾したヘリの約一時間後に飛んでいた後続機で、被弾とは無関係だった。パイロットが基地に帰還後、MSNBCのサイトで放送内容を知って驚き、「報道は事実と反する」として局に抗議のメッセージを送ったが黙殺されていたことも明らかになった。

†虚言疑惑をめぐる党派を超えた批判

この件に関して、当初アメリカの世論は非常に厳しかった。通常はリベラル偏向と揶揄されるネットワークのニュースへの批判は、保守系テレビのFOXニュースが熱心に行う。しかし、このときは「ニューヨークタイムズ」でコラムニストを務めるモリーン・ダウドを先鋒にリベラル系メディアも揃ってウィリアムズ批判を展開した。

擁護論はごく少数だった。ジャーナリストのライアン・リザは、極限状態における記憶は完全ではないとして慎重論を提起した。しかし、後にウィリアムズの別の「虚言疑惑」が報じられ、リザも「もしこの報道が事実なら病的な嘘つきだ」と断じた。

「別の虚言疑惑」とは、ビンラディンがアメリカ海軍特殊部隊に殺害された直後に放送された「ナイトリーニュース」での疑惑を指している。ビンラディン殺害作戦を実行した部隊と、イラク戦争中に飛行したことがあるとウィリアムズが発言したものだ。元海軍特殊部隊の人物が、プレスの取材班が部隊に同行したことなどないと証言して明るみになった。

この他、ウィリアムズはハリケーン・カトリーナの際にも、「死体がホテルの横に浮かんでいたのを目撃した」とリポートしていたが、彼らNBCが拠点にしていたリッツカールトンホテル付近では、死体が浮かぶような水位まで水かさが増した事実はなかったとホテル関係者が証言し、これまた新たな「虚言疑惑」となっていた。

なぜ世論が厳しかったのか。およそ四つの理由が複合的に存在する。

一つ目は「虚言の対象」である。いずれも戦場、被災地などだ。前線の凄惨《せいさん》な現実は心的外傷後ストレス障害（ＰＴＳＤ）も誘発する。素人が安易に英雄伝に転化できるものではない。たまにやってきて安全な場所から覗いて武勇伝にするな、という思いが当事者にはある。同じ「虚言」でも別の柔らかいニュースなら反応は違っていたはずだ。

二つ目は、「被弾した」という体験リポートから導かれる分析や新たな事実が見当たらないことだ。要するに「アメリカ軍のヘリに自分も乗った」「イラク取材で危ない目にあった」とアピールしているに過ぎない。もちろんジャーナリズム、とりわけテレビでは「新しいものを見せる」「記者が代わりに体験して伝える」ということ自体に価値があることも事実だ。「初めてカメラが入りました」というナレーションに象徴される、テレビで伝えられるのは初めてという映像の価値だ。「タイム」誌コラムニストのジョー・クレインは「「チヌーク」型ヘリコプターの内側を見たこともない評論家がＮＢＣのアンカーを降板させるべきかを判断するのは独善的」との見解を示した。

しかし、クレインの擁護論を額面通りに受け取ると、イラクの戦場に行ったことがない者は戦場報道を批評してはいけないことになってしまう。現場の経験に勝るものはないが、その経験からイラク戦争への新たな示唆が提供されなければ意味がない。「戦局を激変させる前代未聞の新輸送機をNBCが初めて報じる」ならばともかく、よくある輸送ヘリにただ「乗った」ことがニュースだと思うなら、それは過剰な体験至上主義だろう。「ヘリに乗った」「イラクに行った」だけではニュース価値がないと知っていたのは当のウィリアムズであり、だからこそ「撃ち落とされた」「死にかけた」ことにしてしまったのかもしれない。

三つ目は、一連の「自己宣伝的な態度」である。ウィリアムズはニュース報道以外の場面でも「武勇伝」を吹聴し過ぎた。「レイトショー」の映像が何度も放送されたことで、「記憶間違いだったのかもしれない」という擁護論の形勢も悪くなった。高視聴率の他局のコメディ番組にまで出て自慢げに語り、救出してくれたという元軍人とアイスホッケー観戦をしてそれを撮らせて自分の番組で「ニュース」として報じた。さすがに「うっかりの誤報」ではない。コラムニストのダウドは「夕方ニュースのアンカーは権威ではない。彼らはエンターテイメント、ブランディング、クロス・プロモーション・ビジネスの一部である」と厳しく突き放した。

そして最後の四つ目は、ウィリアムズがネットワークの夕方ニュースのアンカーマンだったことだ。同じネットワークでもマイナー番組だったり、アンカーマンではなく現場の記者だったら、世間的に大きな話題にはなっておらず、局内で処分を受けて終わっているだろう。

†「アンカーマン」再考

意外な重要性はこの最後の理由にある。ネットワークのアンカーともなれば、名誉、高収入、メディアでの権力のすべてを手にしている。真相が露見したときの代償が大きい「やらせ」的発言をするはずがない気もする。一部の擁護論もこの点からウィリアムズを信じようとした。

しかし、ウィリアムズが高い代償リスクをものともせず「虚言」に走ったのは、むしろネットワークの夕方ニュースのアンカーマンだったからだ。アメリカの夕方ニュースのアンカーという職にとって不可避にもたらされるある種の「歪み」である。そこで確認しておくべきは、アメリカのこの職業の特殊性である。日本のニュースキャスターと何が違うのか。

すでに述べたように、アメリカではニュース番組のアンカーは記者でなければいけないという厳格なルールがある。つまり、彼らは一〇〇％ジャーナリストである。ニュースの「読み役」ではない。日本では長くニュースをアナウンサーが中心に担ってきた歴史があるので、「キャスターニュース」の到来以降も「アナウンサー出身」と「記者出身」のキャスターが混在してきた。記者がキャスターを務めても、「あのアナウンサーが」と表現される状況が続いている。

しかし、アメリカでは頑固といえば頑固なのだが、ニュースのアンカーは記者でなければいけない。まずもって豊富な取材経験と原稿執筆経験のある記者でなければならず、その記者の中で読みや中継が上手で、ルックスや声もいい者が、アンカーへと昇格していく。どんな美男美女で美声の持ち主でも（それは相当に有利な要素であるが）、取材経験がない、自前で原稿が書けないという人はアンカーを任される資格がない。特にネットワークの夕方ニュースのアンカーは、放送記者のキャリアの最高峰と信じられてきた。日本の民放のキャスターは元新聞記者も少なくないが、アメリカではテレビ報道の黎明期《れいめい》こそ活字媒体からの転身組がいたが、放送記者の生え抜きだけがアンカーになる不文律が早期に定着したこともある。

次に「編集長」としての役割だ。ネットワークのアンカーマンは番組の編集長（筆頭デ

写真２　ウォルター・クロンカイト

スク）を兼ねている。それが記者出身でないと務まらなかった主要な理由でもある。当日のニュースで何を扱うか、どういう順番でどの程度の長さで扱うか、どの記者を現場に派遣するかなど、人事権まで握っている。

権力の範囲は局や番組によって濃淡はあるが、かつてのＮＢＣのトム・ブローコーのように経営陣まで交代させてしまった例まである。だからネットワークの夕方ニュースは必ず編集長であるアンカーマンの冠番組である。「NBC Nightly News with…」「CBS Evening News with…」「ABC World News Tonight with…」といった具合だ（withの後の…にアンカーの個人名が入る。「…によるＮＢＣ夜のニュース」というニュアンスである）。

日本でも過去にＴＢＳ「筑紫哲也NEWS

23」の例などがあるが、「冠」は限定的な試みに留まっている。また、キャスターの編集権行使はNHK「ニュースセンター9時（NC9）」以降、日本にも散見されるが、アメリカのアンカーのように強大な権限を独占した例はない。

夕方ニュースの編集長であるアンカーマンは、局の報道全体の顔でもあるため、同じ時間に各局が横並びで「顔見せ」をする伝統が根付いた。三大局が揃い踏みで、アンカーの個人名を「冠」とする三〇分ニュース番組を放送し続けるアメリカは、夕方ニュースだけについては変化がない。「冠」をやめる、一時間に増やす、放送時間をずらす、という制作や編成の「工夫」がまるでないのだ。夕方ニュースをアンカー部分抜きで番組を見ると、どの局か区別がつかない金太郎飴のような画一的フォーマットである。だからアンカーこそが差異化の鍵で、彼らの巨額の契約金の根拠にもなり編集権も聖域化されてきた。

†アンカーマンのジレンマ

アメリカのアンカーの仕事には共通のジレンマがある。それは、経験豊富な記者だけを就任条件にしてきたわりには、画面上の仕事は「量的」には必ずしも多くないことだ。

無論、「質的」には編集長として番組の構成を統括するという重大な影響を及ぼしている。すでに述べたように、ニュースというのは往々にして、何が報道されたかより、何を報道しなかったかの判断に価値が滲む。その判断に影響を与えられる権限は大きい。しかし、画面での出番としては、他人のリポートをつないで紹介するだけの仕事だ。視聴者は画面に映るものでしか「活躍」を判断しない（言うまでもなく、画面に映らない多くの人たちでテレビは成り立っているのだが）。

アメリカのテレビニュースでは、黎明期から取材記者が顔出しをして現場からリポートする方式が定着した。そのため、スタジオの総合司会者の仕事も、記者が書いた原稿をスタジオで代読することではなく、「ホワイトハウスから誰々記者がお伝えします」「誰々記者がロンドンからお伝えしました」と記者リポートを紹介する作業に徹する。様々な記者リポートをスタジオで引き受けるリレーの「アンカー」役ということで「アンカーマン」という名称になった。

アンカーが顔を出している時間は実に少なく、スタジオ出演者は一人が基本である。コメンテーターが出演するトーク番組と、事実関係を報じるだけのストレートニュースの峻別が明確で、ストレートニュース内には論評を持ち込まない。「ネットワークの夕方ニュースのアンカーは、ジャーナリストとしての競争を勝ち抜いた優秀な記者のはず」という認識が視聴者に浸透していたから権威が保てただけで、仕事自体は単調だ。読みのプロフェッショナルである日本式のアナウンサーが務めたほうがいいのではないかと思う人もいるかもしれない。

そのため、アメリカのアンカーマンは、自分の仕事が記者でなければ務まらないことを適宜証明したがる。スタジオに座っているだけでは忘れられてしまいがちな「自分が本当はジャーナリストである」ことを誇示したい欲求が生じる。取材現場に行ける機会があれば、危険な現場で、最前線で凄まじいものを見聞きしたとアピールする欲求にかられるのだ。

テレビニュースの視聴率競争を二人のアメリカ人ジャーナリストが活写したノンフィクション作品『アンカーズ（トップキャスターたちの闘い）』（一九九〇年）に次のような一節がある。

「アンカーになるために必要だった能力が、アンカーになったあとは必要ではなくなる。現場では優秀な、そして第一級の取材記者であった人間が、いまではアンカーの机に縛りつけられてしまっている。ジェニングスやラザーやブローコーは、トレンチコートを着て現場の取材に行けないのは、ちょっぴりではあるが残念だと、暇さえあれば口にする」

CBSのダン・ラザーについて、ラザーの元同僚が語る以下のコメントはさらに興味深い。

「ダンが気の毒だ。彼は現場では素晴らしい記者だったし、いま西側世界で最も重要な人物の一人だ。あれだけ稼いでいるのに彼は満足を感じていない。スタジオに来て、テレプロンプターに映し出された原稿を読み、深刻な表情を作る。彼は自分が手に入れたポストの奴隷なのだ。残念なことだ。なぜならダンは銃声を聞いただけで飛び出して行き、取材するような人間なのだから。指揮官として座っているのかもしれないが、私には彼が満足のいく仕事をしているようには思えない」

百戦錬磨の放送記者であることが就任条件なのに、やることは記者リポートへの振り原稿（リード）を読み上げる単純作業という現実は、アンカーの地位をますます名誉的、象徴的な矛盾に満ちたものにさせていった。

†テレプロンプター

かつてテレビニュースの伝達者にとってのハードルは、原稿をなるべく多く暗記することだった。アナウンサーは神業ともいえる暗記力や演技力で、ごく少しだけ目線を下に落としながら、自然にニュースを伝える読みの職人である。アナウンス訓練を受けていない、朗読の素質もない記者がやるのは至難の業だ。本番前の原稿の音読で相当舌に馴染ませても、視聴者には不自然に聞こえたりする。

現在のアメリカのテレビでは、報道だけでなく、トークショーから芸能情報番組までテレプロンプターが必需品だ。これは一九五〇年代に開発された装置で、初期はカメラのレンズの上に着けられたカンニングボードのような簡易的なもので手元の原稿の補助だった。のちにカメラレンズ前にハーフミラーを取り付けた、より洗練された仕組みが登場する。ミラー下の別モニターに原稿を反転して映写することで、アンカーの眼前のレンズ前のミラーに原稿が映る仕組みである。

一九七〇年代以降、この画期的発明品のおかげでアンカーは基本的に手元の原稿を必要としなくなった。しかも今どこまでアンカーが読んでいるかを副調整室が把握し、読むべき速度でスクロールする。アンカーは時間管理すらしなくていい。プロンプターはイギリスでは「オートキュー」と呼ばれるが、「自動」でタイミングを管理してくれる装置というニュアンスである。

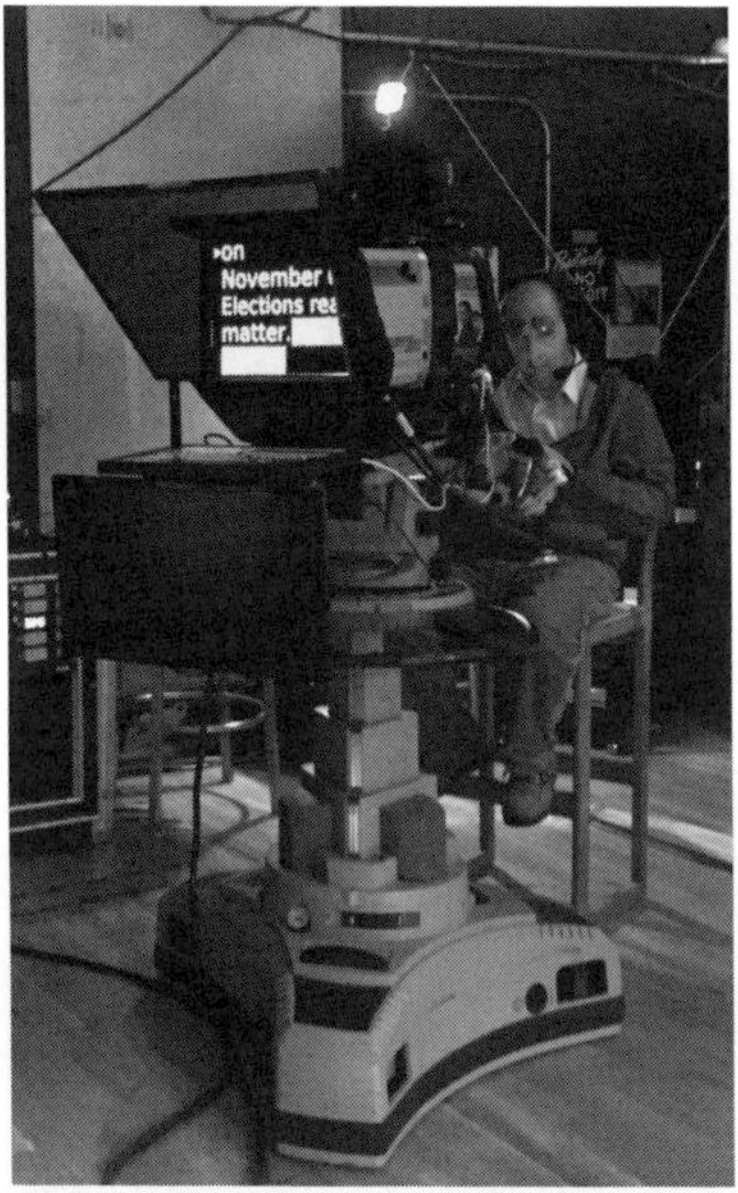

写真3　テキスト入力式テレプロンプター付きカメラ

一九五〇年代に党大会演説で実用化され、一九八〇年代にコンピュータ入力式になった政治家の演説用プロンプターも同じである。側近やメディアコンサルタントが、大統領の演説が今どこまで進んでいるか、画面上で同時把握できる。アメリカはタイプライター文化で、悪筆の手書きでの原稿修正を嫌う。直前の原稿修正を読み手とスタッフ全員が共有するために、テキスト入力型のプロンプターは必須化した。

日本でも一九八〇年代以降、アメリカ式のプロンプターが導入された。ただ、日本では本書刊行時点の二〇二〇年現在に至るまで、天井から吊るしたカメラで手元の原稿を撮影し、それをハーフミラーに映す方式を採用している。時間管理も読み手の速度次第だ。土壇場の原稿修正もマジックによる上書きで、紙でフロアディレクターが差し替える。これは漢字圏だからではない。台湾はアメリカと同じ打ち込み式で中文横書き原稿がスクロールする。副調整室でプロデューサーが本番中にプロンプターに修正原稿を打ち込み、アンカーにそのまま読ませることも多々ある。

プロンプターの導入は、テレビニュースの形態の分岐点になる可能性があった。暗記する労力が無駄なのなら、そもそも画面に「アナウンサー」や「キャスター」という生身の人間が出てこない方法もあり得るからだ。「誰が伝えるべきか」という古くからある議論だ。そもそも司会者など出演せず、ナレーションだけで現場映像を一秒でも多く見せたほうが情報量の密度は濃くなる。しかし、そういう方向に事は進まなかった。視聴者が出演者を番組の大切な情報の一つとして楽しむことを望んだからだ。これは国際的な現象で、ニュース番組の型として、冒頭にスタジオのキャスター的な人間が出てこないＶＴＲだけの放送は存在しない。誰か伝え手が画面に登場してほしいと視聴者は望む傾向がある。それもランダムに毎日違う人間ではなく、特定の人物が出続けることで信頼や親しみが生じる。

求められるのは、何を伝えるかではなく、誰がどんな風に伝えているかの視覚情報を含むコミュニケーション経験だった。そこまでして人間に模したものに読ませるべきか疑問だが、近年話題の「ＣＧキャスター」、あるいはユーチューブなど動画チャンネルの多くも、話し手が顔を出し、挨拶をして語るという古典的過ぎるスタイルで定着している。

アメリカはアイコンタクトが重視される社会で、カメラ目線でもそれは同じだ。だが、数字まで暗記していると不自然なので、一瞬だけ目を落として正確さを期しているように見せる演出はある。アジア系女性アンカーの草分けコニー・チャンは、視聴者に共にＶＴＲを見ている印象を抱かせるため、画面がＶＴＲに切り替わる直前に、わざと斜め方向に顔の向きを振る芝居を好んだ。「小芝居」は多種多様だ。握りしめたペンを口元にかざして中継の掛け合い中に神妙に頷いたり、手元の項目表に走り書きをして何か準備している

写真4　1993年G7東京サミットを現地から報じるダン・ラザー（左）。「CBSイブニング・ニュース」でコニー・チャン（右）と2人アンカー制に挑戦して失敗した。

感を出したり、エンディングの「引き」のショット中にスタッフと会話をしてみせるのも広義の演出である。それぐらいしか「個性」が出せないほどアメリカのアンカーは自由度が少ない。

アンカーマンは「アンドロイド」と揶揄されることも多く、映画やドラマのパロディでも野太い声で角張った動きをする人物が登場する。ごく限られた決まった発言と動きしかしないロボットのような予定調和の印象が根付いている。ネットワークはアンカーのそうした「予定調和」感を、「信頼」の代名詞として誇りにしてきた。

しかし、ウィリアムズの事件はその予定調和の「作業」を問い直すパンドラの箱を開けた。それはメッセンジャーがジャーナリストである必要があるのか、という古くて新しい疑義だ。だからこそ、余計に既存のアンカーは自分がジャーナリストであることを証明するために、インパクトのあるニュースでは何かと外から自分で中継したがるし、大物インタビューなどもやりたがる。そのサイクルが繰り返されている。

†CNNの出現と三大ネットワークの凋落

このようなアンカーマンのジレンマに別の意味で拍車をかけたのが、一九八〇年代以降のテレビをとりまく環境の変化だった。それは新たな規制緩和と市場構造、技術革新などによってもたらされた。

まず一九八七年にレーガン政権下で、客観報道と不偏不党を旨とするフェアネスドクトリンが廃止される。そして一九九六年のテレコミュニケーション法により、メディア企業の合併による巨大メディアコングロマリットが生まれた。さらに技術革新がケーブルテレビの浸透をもたらした。一九八〇年にCNNが放送を開始するが、この二四時間ニュースが、次第に思いがけない地上波ニュースの脅威として成長していった。なぜCNNは脅威になり得たのか。

第一に、CNNは（一度オンエアしたものを再放送する）ニュースのリサイクルを始めた。

日本のテレビ報道でも、深夜ニュースで使用した原稿を朝ニュースでタイトルのCGだけを変えて別のナレーターやアナウンサーに読ませる「返《かえ》し」という行為をしているが、CNNはそれを毎時のニュースでやり始めた。すると夕方のニュースで初めて報道されるニュースの価値が消滅し、「さっき午後三時や四時のCNNで見た」という現象が日常化した。

第二に、CNNにはたっぷりと放送時間があった。インタビューも長く聞かせることができたし、ニュースのリサイクルにより、コストをあまりかけずに多くのコンテンツを放送できた。放送枠の量的な多さがネットワークとの競争で有利だったのだ。

第三に、二四時間ニュースなので、いつでもニュース速報が打て、特番にすることなく突発的なニュースが伝えられる編成上の柔軟性という絶対的な優位性があった。

第四に、冷戦直後の国際報道の盛り上がりとシンクロしていた。技術的に容易になりつつあった衛星中継の効果的な利用と、時差に影響されない二四時間ニュースの相性は抜群であり、一九八九年の天安門事件、そして一九九一年の湾岸戦争報道がCNNの存在感を増した。バグダッドに残り続けたピーター・アーネット、ジョン・ホリマン、バーナード・ショーらの報告は他の追随を許さなかった。

CBSのダン・ラザーも天安門事件では北京入りして現場から中継するなど、中国政府の妨害に抵抗しつつ熱心な報道を行ったが、二四時間態勢で報道するCNNほど視聴率が取れなかった。ネットワークのニュースは決まった放送時刻にわずか三〇分だけ放送するという量的な制約に縛られていたからだ。どんなに深い取材をして衝撃的な映像と共に名物アンカーが伝えても、大抵の映像や情報は視聴者にとってはCNNで既に見たものに過ぎなかった。

このとき初めてネットワークは、これまで自分たちが横並びのぬるま湯に浸かっていたことを思い知ることになる。三社での激しい競争はしてきたが、夕方ニュースのオンエア開始時間を一局だけ前倒しにする抜け駆けすらしない「紳士協定」に守られてきたからだ。ネットという「第二チャンネル」もなかった時代、三〇分の金太郎飴フォーマットでは個性を出すことは難しかった。縮小する一方のパイを食い合うだけのじり貧の戦いを続け、視聴率は一九八〇年代以降、急降下していく。

ネットワークの夕方ニュースの視聴率は、ニールセン調査では一九八〇年時点で三局の差はあれども平均一二%から一六%だった。しかし、一九九〇年までの一〇年で平均一〇%前後から一一%ほどに落ち込み、一九九〇年代の間に平均七%から一〇%に激減した。そして二〇〇二年には、ついにどの局も単独で二桁を取れなくなり、二〇一〇年には最下位のCBSは平均四%、首位のNBCですら平均六%という惨めな状況に陥った。無論、視聴率の下落はインターネット普及と軌を一にしており、テレビ視聴の習慣全体の低迷とも関係している。ニュースの商品価値以外の要因も大きい。

深刻なダメージを受けたのは国際報道である。「国際報道はCNN」というブランドが確立されて以降、ネットワークは収益の悪化によるコストカットで、海外支局網の縮小を余儀なくされた。

かつてベトナム戦争報道を牽引したこともある報道の雄CBSの凋落《ちょうらく》はとりわけ悲惨である。二〇一二年までにモスクワ、パリ、バグダッド、イスラマバード、カブール、テルアビブ、アンマン、香港、ヨハネスブルクの各支局を閉鎖し、ハバナ、ロンドン、ボン、北京、東京の五支局だけになってしまった。

CBSほどの極端な縮小ではないが、ABCは二〇一〇年までに一三支局（ハバナ、メキシコシティ、ロンドン、モスクワ、ローマ、バグダッド、イスラマバード、カブール、エルサレム、北京、香港、東京、ナイロビ）、NBCも二〇一二年までに一四支局（ハバナ、ロンドン、モスクワ、フランクフルト、バグダッド、カイロ、イスラマバード、カブール、テルアビブ、テヘラン、北京、バンコク、東京、ヨハネスブルク）にダウンサイズしている。

CNNに弱点がなかったわけではない。冷戦終了後のクリントン政権期、アメリカが内向きになる中で、天安門事件や湾岸戦争のようなCNNの活躍の場はそうそう訪れなかった。また、二四時間をニュースだけで埋めることのコストの問題もある。

ニュース取材は金食い虫で予算がいくらあっても足りない。衛星中継の回線を数十分おさえるだけで凄まじい金額がかかる。バラエティやドラマなどが視聴率を稼ぐ硬軟折衷の総合局のほうが報道には魅力的なのは、稼ぐところで稼いで使うところで使うという配分ができるからだ。国営や公共放送でない限りニュース専門局は経営的に割りが合わない。

そのため一九九〇年代半ばから、CNNは早々にストレートニュースから手を引き始める。放送時間を純粋なニュースではないトーク番組で埋めた。パネリストのギャラだけに制作費を抑えるコストカット路線にシフトしたのだ。さらに国内ニュースの比重を高めた。一九九四年のO・J・シンプソン事件、一九九六年のジョンベネ・ラムジー殺害事件が「タブロイド化」を促進した。黎明期に国際報道で確立されたニュース路線か、「クロスファイア（Crossfire）」「ラリー・キング・ライブ（Larry King Live）」で成功したトークショー路線か、内部の対立は激しさを増した。ライバルCNNのこうした羅針盤の乱れのおかげで、ネットワークの寿命は少しだけ延びた。

†二四時間ニュースの多様化

しかし、なんとか生き延びたはずのネットワークニュースに追い打ちをかけたのが、一九九〇年代のケーブルニュースチャンネルの多様化だった。一九九五年にNBCとマイクロソフトの協力でMSNBCの誕生が決まる（翌年放送開始）。質問を視聴者から電子メールで募集して紹介するという、現在では当たり前に行われている演出もこの局が先駆けだった。近未来的なネットベンチャーのオフィス風のスタジオ演出も施された。

同じく一九九六年にFOXニュースも放送を開始した。保守イデオロギーを視聴率ビジネスに取り入れた局だが、先駆的なオーディオとビジュアルの技術革新でも知られる。「ティッカー」という動くサイドCG、臨時ニュースのヘッドラインというベルト式の文字移動電光掲示板を画面の下に敷くなどのビジュアル、CM前後にアクセントで入れるキューカットのSE（音響）のハリウッド映画並みの迫力。さらにクレーンやドリーやパーンを多用した、音楽番組やスポーツ番組のようなカメラワークは、ニュース番組の固定観念を打破した。

ネットワークは、こうしたケーブルの二四時間ニュースによる、斬新な表現手法や新たな番組ジャンルに直面し、かつての硬派路線を自ら放棄する迷走期に入った。CBSのダン・ラザー、NBCのトム・ブローコー、ABCのピーター・ジェニングスが、それぞれ失脚、引退、死亡により姿を消し、アンカーの知名度の低下にもネットワークは悩まされた。

ＣＮＮは「スターアンカーは要らない」と唱えた創業者のテッド・ターナーのもと、「脱大物アンカー」主義からスタートした。「読み」が安定していれば無名でいいという、日本の伝統的な「アナ読み」ニュースに近いような考え方で、その方針は「ＣＮＮヘッドラインニュース」という定時ニュースだけのチャンネルに体現された。そして、アンカーの数が飛躍的に増えるとともに、その権威と希少性は低下した。

一九八五年の世論調査でダン・ラザーの写真を見て名前を答えられたアメリカ人は四七％だった（別の名前を答えた回答が八％、わからないが四五％）。しかし、二〇一三年の調査では、ブライアン・ウィリアムズの写真から名前を答えられた人は、名字か名前の片方しか答えられなかった人を加えても二七％しかいなかった。「アンカーの人」「記者の人」と答えた人が三％、誤答が一八％、わからないが過半数の五三％だった（四捨五入）。誤答の中には「バイデン副大統領」（二％）というものまであった。

知的な層や若年層はますますニュースから離れ、無名化するアンカーは率先して「話題作り」を提供しなければならないというプレッシャーを受けている。ウィリアムズは他局のＣＢＳのコメディ番組にまで出演することで、せっせと知名度を高めようとした。見方によっては健気な努力で、番組宣伝効果を考えれば、彼の行為を制止する判断はＮＢＣ経営陣にはなかった。

写真５　バーバラ・ウォルターズ

　そうしたなか、記者経験が乏しい人物を選抜する仰天の人事も生まれた。二〇〇六年、ネットワークの夕方ニュース史上初の女性の単独アンカーとして、「CBSイブニング・ニュース」にケイティ・コリックが抜擢された。コリックはNBCの朝の情報番組「トゥデイ（TODAY）」の司会で人気者だったが、伝統あるCBSのクロンカイトとラザーの後継としてはあまりに軽量級だった。結局女性視聴者にアピールする話題作りにしかならず、同番組は権威とスポンサーの期待の両方を失った。コリックは二〇一一年にわずか五年で降板する。

　タレント的な女性アンカーにはバーバラ・ウォルターズという例外はあった。一九七六年にNBCからABCへの移籍時の年俸が一〇〇万ドルで話題になった。ウォルターズはセレブリティ相手の軽妙なトークで台頭し、能力は日本のアナウンサーに近い。視聴者と同業者の評価が正反対だった。当時ワシントン支局の記者だったコニー・チャンは、彼女は「ただのインタビュアー」、トーク番組の司会」、自分たちジャーナリストは「取材して報道する」とウォルターズを軽蔑した。現場はウォルターズをジャーナリストと認めていなかったが、チャンのようなマイノリティ女性にしか女性アンカー批判はできなかった。だが、皮肉なことにそのチャンも二〇年後には「取材をしないインタビュアーに堕した」と放送批評家に酷評される。ウォルターズは夕方ニュースのアンカーの椅子をあえて目指さなかった。海千山千の戦争記者や政治記者が嫉妬するのを知っていたからだ。

CBSの迷走を尻目に、NBCのウィリアムズは、久しぶりに登場した本格硬派記者で、黄金時代のアンカーの権威を復活できる人物と経営陣に期待されていた。しかし、「自分はジャーナリストである」という自己証明、「現役取材記者、戦場や災害被災地にあり」の自己顕示は、彼を誤った行為に向けた。結果として、ただでさえ視聴率低下の一途をたどっている地上波ニュースの信頼性を損ねる「虚言」事件を引き起こしてしまったのである。

ライバル局もウィリアムズの謝罪まで、当初はこの問題を積極的に扱わなかった。アンカーの信頼が最大の商品である点で利益を共にする放送界は、問題が深刻化しないことを祈っていたからだ。しかし、ソーシャルメディアでの騒動は収まらず、NBCは逃げ場を失った。

†アンカー神話の崩壊とニュース不信へ

ウィリアムズの事件は単なる不祥事にとどまらない意味をもっている。

第一にネット時代、とりわけソーシャルメディアによる可視化の力だ。CBSのラザー引退の引き金になったブッシュ息子大統領の軍歴に関する報道でも、ウィリアムズの件でも、ネットから「異論」が飛び出し、それが広がっていくというパターンを繰り返している。ソーシャルメディア時代には現場に居合わせたり目撃した人が世の中に発信できる。取材を受けた対象が何をどう書くかわからない。その場では一蓮托生《いちれんたくしょう》のつもりで口裏を合わせていたカメラマンやスタッフだって数年後、一〇年後に気が変わって、真実を書き込むかもしれない。そうしてテレビ制作やメディアの取材現場は、ガラス張りになりつつある。

これまでにも似たようなケースはあったかもしれないが、表沙汰になりにくかった。クロンカイトがアンカーとしてスタジオで読む原稿を、ほとんど自分で書いていなかったことを知るアメリカ人は少ない。過去のアンカーも似たり寄ったりか、ときにはさらに悪質な演出を行っていたかもしれない。ソーシャルメディアによるガラス張り化はメディアリテラシーの向上に貢献するだろう。しかし、長期的には単に虚無主義を増幅するだけに終わるリスクもある。

第二に、ネットワークの夕方ニュースに象徴される伝統的な「スターアンカー」の衰退である。事件はウィリアムズ個人の軽率さが原因とされた。だが、元CNN記者でジョージワシントン大学のフランク・セスノは、局の管理責任を指摘した。これは治外法権だったアンカーマンの編集権や人事権に制限をかけることにもつながる。正しいコンプライアンスにも見えるが、ジャーナリズムにとっては重大な曲がり角だ。

アメリカのメディア企業では、記者、プロデューサー、編集者などジャーナリスト出身者が経営陣に入る割合は少ない。経営の専門家が役員を務め、ジャーナリズムの現場と経営戦略は概ね切り離されている。そのようなアメリカのメディア企業において、ネットワークのアンカーマンの権限は、報道現場サイドの対経営側への砦だった。

夕方のアンカー兼編集長は、象徴的な意味では「報道現場における社長」であり、現場の視点からの要求を経営陣に突き付けられる対抗権力でもあった。重労働に見合わない報酬の現場スタッフも、取材力ではアンカーを凌駕すると自負するベテラン記者も、アンカーの高額報酬や編集権の聖域化を認めてきたのは、現場側にそうした「権力」の維持が必要だったからだ。それがコンプライアンスの名の下に経営側によって崩されるとなると、地味で単調ながら最後の「良心」でもあったネットワークの夕方ニュースまで、エンターテイメント化が激しく促進されることになるかもしれない。

こうした流れに抵抗が一切ないわけではない。一つには報道現場だ。アメリカの報道現場は、経験豊富な同僚にアンカーになって欲しいと考えている。経営側の判断でタレント性の強いアンカーが「落下傘《らっかさん》」で降りてきても現場では孤立する。日本でも同じだが、キャスターにとって一番辛いのは、制作スタッフに嫌われて孤独になることだ。そうした現場の士気が数字に反映すれば、経営側も無視はできない。

それから視聴者だ。ニュースのメッセンジャーにどのような役目を求めるかは国や文化によってかなり異なる。アメリカの視聴者には、ニュースをしっかりと咀嚼《そしゃく》している人に伝えてもらいたいという欲求がまだ多少残っている。直接取材した人物ではなくても、深く内容を理解して伝えている安心感を無意識に重視する傾向は完全には消え去っていない。

そして「事件」が示唆した第三の点は、ネットワークニュースの存在意義の瀬戸際である。ネットワークのアンカーは意見を言わず、番組にコメンテーターも使わない。そのスタイルを維持するなら、アンカーの信頼感だけがビジネスの基礎だった。世間は固唾《かたず》を呑んでNBCの対応を見守った。結果は拍子抜けするものだった。ウィリアムズを元の番組からは外し、視聴率の低いケーブルの別番組の現場にさりげなく戻して幕引きとしたのだ。なまじアンカー依存でやってきたアメリカのテレビジャーナリズムは、ずたずたに傷ついている。視聴者はネットで虚無主義を振りまく。番組舞台裏の動画のネット拡散が後を絶たないのだ。NBC「トゥデイ」の掛け合いシーンのプロンプターが大写しで動画サイトにアップされ、自然な会話に見える掛け合いも、放送作家が書いた原稿を会話風の抑揚で読みあげていることが強調された。ラザーやコリックによる現場中継の本番前映像がアップされたこともあった。著名アンカーは、トレンチコートの襟を寝かせるか立てるかで延々数十分悩んでいる。ニュースどころか項目確認にすら興味を示さない。ひたすら髪の毛がどっちになびくか、ボタンを閉めるかはずすかをスタッフと議論している。

ただ、ニュース番組が結局ショービジネスであることをいくら強調しても、単に権威神話を解体するに過ぎない。アンカーが「タレント」であることを指摘しても、良質のニュースやドキュメンタリーを育てることにはならない。ブロンド髪でバービー人形のような風貌の女性アンカーの乱立から、保守かリベラルに偏ったオピニオンの応酬まで、加速したのは開き直りの商業主義だった。

†「君たちはね、ジャーナリズムにとらわれ過ぎだよ」

ニューヨークのCNNセンター最上階の特別室（ペントハウス）。採用担当副社長のボニー・アンダーソンは、ハリウッドから華麗な転身をしたばかりの新任社長ガース・アンシエに新しいアンカー候補のビデオを見せようとしていた。アンシエ社長は事前にメールで「信頼感をなんとなく醸しだせる、より若くて魅力的なアンカーにしたほうがいい」という意味深な注文を出していた。「醸しだせる?」「「持っている」ではなく?」意図がつかめないアンダーソンに、新社長は「マイノリティ系の記者やアンカーのビデオは試写しなくていいから」と告げる。「その種の人材はもうたくさんだ。視聴者が見たがる人材をキャストしたい」。コンサルタント会社の調査では「アジア系男性への拒否感がアメリカの平均的視聴者には最も強い」という結果が出るなど、アンカーへの好みに人種やジェンダーが影響しているのは事実だった。

アンダーソンは告発本でこう記している。

「社長はそれまで俳優をキャスティングしていた人物なのだ。たしかにドラマ「ER」で医者を演じるために医学大学院に行く必要はない。まったく同じ基準をテレビジャーナリズムにあてはめようとしている。社長の関心事は、アンカーが魅力的で権威を演出しながらニュースを読めるかだけだった。アンカーはただの俳優だったのだ」

採用基準の説明をしようとするアンダーソンに、頭を振り、にやけながら社長は言った。

「君たちはね、ジャーナリズムにとらわれ過ぎだよ」

これがアンダーソンへの最後の一撃になった。

「〝世界のニュースリーダー〟と銘打っているはずのCNNがジャーナリズムにとらわれ過ぎている？　私はテープをかき集め、礼を述べて社長室を出た。廊下の角を曲がったところでふと立ち止まり、ペンを取り出した。そして彼が今さっき言ったことを一つ残らず書き留めた。そう、模範的なジャーナリストがするように」

二〇〇一年四月のことだった。CNNは九・一一テロやイラク戦争前にジャーナリズムとしてはすでに微妙な状態だった。ほどなくしてアンダーソンはCNNを追われた。それから一五年後、アメリカのテレビ局はトランプ景気に沸いた。トランプ政権一年目、ニューヨークのテレビ界のある重鎮はこう筆者に語った。

「なぜトランプをテレビに出すのかって？　大金を稼げるからだ。視聴率が上がるからだ。トランプがアメリカをめちゃくちゃにするかもしれないなんて、どうでもいい。マネー、マネーだ。CNNでも社長は視聴率に連動してボーナスをもらう仕組みになっている。彼は誰が大統領かなんか気にしていないよ。コーポレート・メディアだから」

映画「ブロードキャスト・ニュース」は、たしかに斬新かつ啓発的な作品だったが、実際のアメリカのテレビ報道はいっそう迷走の度合いを強めている。

第二章

政治——広報とジャーナリズムの駆け引き

†トランプ大統領とテレビ

フランクリン・ローズベルト大統領はラジオ演説を巧みに使い、ケネディやレーガンはテレビで輝き、オバマは草の根のネット選挙で勝利した。そしてトランプは連日のツイッター（Twitter）で「ソーシャルメディア大統領」のように思われがちだ。しかし、トランプのツイートは、「無料メディア」であるマスメディアに報じさせて争点の方向性を支配することを意図したものだ。二〇一六年の予備選挙からその戦略は貫徹されていた。

トランプは、テレビ露出をなにより好む、一九八〇年代的な古いタイプの「テレビ大統領」でもある。それも自分の勘で演出まで行う、監督や脚本家を兼ねた俳優である。「ディーバー要らずのレーガン」と呼ぶ共和党関係者もいる。「ディーバー」とはレーガン大統領のPR演出の総指揮を担当したメディア戦略家のマイケル・ディーバーのことだ。ディーバーの巧みな演出で、俳優でもあったレーガンはテレビ時代の英雄的な大統領に仕上がった。

トランプ大統領が、ホワイトハウスで某国と共同記者会見を行った際、会見のカメラの前に出る直前、控え室にあったテレビにたまたまFOXニュースの生放送が映っていた。テレビを見たトランプは「世界が俺たちに注目してるぞ」と興奮気味に某国首脳に語りかけたという。会談が終わったあとも「凄いな、注目している」と興奮冷めやらぬ調子でテレビ画面を指差した。あるホワイトハウスの事情通は「大統領はテレビを〝視聴する〟ことが好きなわけではない。自分が大統領執務室に入るとき、テレビが付けっぱなしだったことはなく、くらいついて見ているわけではない」と筆者に明かす。その一方で、テレビカメラの前に立ち注目を浴びることを心底愛好している。

二〇一八年六月、シンガポールで行われた米朝首脳会談で、日米の外交筋を驚かせたのは、トランプ大統領の延々と続いたテレビ会見だった。彼はサンダース報道官に「会見を続けてもいいか」と確認したが、報道官が大統領の希望を無理に制止できるわけがない。会見で何を話すかわからない不透明さで、同盟国の政府を不安にさせるのがトランプ流だ。案の定、トランプは将来的な在韓米軍の縮小や撤収の可能性について口を滑らせた。

トランプは共和党を変え、政治を変えたと言われるが、なるほどこれまでの大統領の一日と動きもまるで違う。ホワイトハウスの情報筋によれば、トランプは朝四時か五時に起床して新聞五紙に目を通すという。ざっと目を通し、ペンで記事を丸で囲んでいく。トランプはペンでなにかを囲む書き込みが好きだ。「この背景についてわかりやすく説明しろ」という指示である。そのあと九時から一一時まで午前の消息がわからない日が多い。居住エリアなど大統領執務室以外の場で、娘のイヴァンカ補佐官や娘婿のクシュナー上級顧問と意見交換することも少なくないという。

トランプ政権のホワイトハウスのコミュニケーション戦略は、午前中のトランプのツイートで始まる。速射砲で繰り出される大統領のツイートに振り回され、ホワイトハウスや政権はそれを擁護することにエネルギーを費やされる。

トランプのツイートは三種類ある。一つは、全部トランプが書いているもの。二つは、ソーシャルメディア・ディレクターが書いているもの。そして三つは、トランプが命じてディレクターに書かせているものである。どれがどれかは、ホワイトハウスの内部の上級スタッフにも共有されない。

トランプはソーシャルメディア大統領に見えて技術には案外疎い。ネット選挙の開拓者と持て囃《はや》されながら、電子メールの使い方もわからなかったジョン・マケイン上院議員ほどではないが、年配政治家の新技術への親和性は、本人のイメージとは乖離《かいり》があるのが常だ。トランプは、ページをつなげることや、写真の貼り付けが上手くできない。だから、ツイッターでページをまたいでツイートされていたり、写真が貼られているものは書き手がトランプ本人ではない。他方で綴りのミスが混ざっているツイートは本人の証拠だ。スタッフの誤字脱字は許されず、軽度のスペルミスを本人風に演じる手間までは平時にはかけていないという。

トランプ政権の内部を知る者は、「トランプ大統領には「スピンドクター」がいない。大統領自身がコミュニケーションズ・ディレクターだ」と述べる。「スピンドクター」とはメディア戦略の指南役のことである。長年の経験でメディアを知り尽くしているトランプは、どう露出しアピールするかを自分で判断して仕切りたがる。

もちろん、当初は過去の歴代政権のホワイトハウスのように広報チームを立ち上げて、王道のコミュニケーション戦略を試みた。側近たちはあれこれ紙にまとめて大統領に読ませようともした。だが、トランプにはそれはことごとくうまく作用せず、提案された戦略を彼が気に入ることはなかった。メディア担当者が次々と解雇され、最終的にコミュニケーションの専門家がホワイトハウスに誰もいなくなり、かくして大統領が自分でメディア戦略を主導するようになった。

†ホワイトハウスとメディアの対立

二〇一七年のトランプ政権冒頭からCNNは大統領との対立姿勢を鮮明にした。ところが、そのCNNの社長のジェフ・ザッカーが、前職のNBC幹部時代にトランプ主演のリアリティ番組「アプレンティス（The Apprentice）」を仕掛け、トランプを不動産王からテレビタレントに押し上げた張本人であることはあまり知られていない。

二〇一六年一〇月段階で、CNNは年間利益一〇億ドル、FOXニュースは一六億七〇〇〇万ドルを早々に見通し、同年の大統領選挙報道はCNNなどを含むケーブルニュース主要三局に視聴率五五%増の贈り物を与えた。テレビ衰退のなかで、トランプはその特異なキャラクターと爆弾発言で集客力抜群のテレビの救世主だった。そうして自分たちでトランプを人気者にしておいて、いざトランプが勝利したら「ショックです」とはマッチポンプもはなはだしいが、アメリカのメディアはトランプの娯楽的価値に引き寄せられた。

しかも、アメリカ政治ではホワイトハウスとメディアの対立はトランプ政権に始まったことではない。オバマ政権下ではホワイトハウスとFOXニュースの抗争があった。やはり政権発足初年、二〇〇九年九月に日曜朝の報道番組「FOXニュース・サンデー」だけが大統領インタビューから外された事件が引き金だった。オバマ大統領は医療保険改革法案の売り込みのために、各局の日曜の朝番組のアンカーとの対話に応じた。ところが、FOXだけが除外されたのだ。これに同番組アンカーのクリス・ウォーレスは激怒した。

インタビュー系の報道番組はブッキングすなわち「人呼び」がすべてである。ニュースの渦中の人物を出演させること自体が、まずもってニュースである。政治家は出るからにはそれなりの発言を用意しているもので、出演が確保できれば、よほどテレビ慣れしていない口下手な政治家か、モデレーターの致命的な能力不足がない限り、通信社が記事にするニュースはいくつか出るものである。それゆえ、番組の命であるブッキングで外されるのは致命的だ。大統領の政策売り込みは確実にニュースになる。自社の映像がない局は、その後しばらく他局の映像をクレジット入りで使うか、静止画で報じるか、ニュースを無視するかしかない。報道機関としてこれほどの屈辱はない。

FOXは大統領が不公平な扱いをしたことをニュースにして応戦するネタにはできるが、アンカーはジャーナリストとしての面子《めんつ》が丸つぶれだ。オバマ政権期の「FOX外し」は、FOX内の良心的ジャーナリストの名誉を傷つけていらだたせ、社内の足並みを乱す「くさび打ち込み」作戦だった。ホワイトハウス高官から「FOXを報道機関とは見なしていない」趣旨の発言が相次いだのもある種の陽動作戦であった。

しかし、ブッシュ息子政権に遡れば、FOXニュースは優遇されていた。ホワイトハウスの記者席はUPI、APなど通信社や三大ネットワークに前列部を与える序列が伝統だが、ブッシュ政権のフライシャー報道官は、クリントン政権期に六列目に追いやられていたFOXニュースを二列目に招いた。イラク戦争でも、報道陣の中から選ばれた代表のみが取材する「プール取材」からはいくつかの社を意図的に排除することがあった。そのひとつがCNNだった。

テレビ報道がイデオロギー的に二極化している現在のアメリカでは、共和党、民主党の政権交代ごとに「好意的メディア」「敵対的メディア」への厚遇、冷遇のサイクルを繰り返す。たしかにトランプ政権はその程度がより強いが、それはホワイトハウスとメディアの喧嘩が、トランプ的な「テレビ大統領」のもとではメディア側にも利益を生むことと無関係ではない。

†客観主義ジャーナリズムの誕生と限界

さて、このことはメディア側が自律的にアジェンダすなわち議題や争点を設定することの難しさを問いかける。ここで少しジャーナリズムの歴史を駆け足で振り返っておきたい。南北戦争期までのアメリカの新聞は、党派的で政党や政治家を代弁するような媒体であった。客観報道ジャーナリズムは二〇世紀に成立したものだ。その誕生には商業主義という一見相容れないものが関係している。一九世紀から二〇世紀に起きた変化がそれを変えた。

一つは「広告の台頭」である。一部の読者に販売するよりも、広く市民一般に顧客を広げたほうが広告収入は入りやすくなる。ニュースを商品化し読者を拡大するには、特定の政治主張を抑制する必要がある。このニュースという商品の拡散には通信技術の進化が関わっていた。電信技術の発展を受けて一八四六年にＡＰ通信が生まれ、さらに文芸家や活動家ではない専門職としてジャーナリズムが二〇世紀初頭に確立されたこともある。

ただ、客観報道のジャーナリズムを理解する上では、二つのことに注意しておく必要がある。一つは早期から客観主義の限界への自覚はあったことだ。『世論』という代表的著作で知られるウォルター・リップマンは、事実を伝えることが主観や解釈から逃れられないことを指摘した。一九二〇年代以降、内向きだったアメリカ人が二つの世界大戦で国際政治に目を向け始め、政治経済を扱うコラムニストが出現する。リップマン自身も全国の新聞にコラムが配信されるシンディケーテッド・コラムニストの走りだった。

写真6　ウォルター・リップマン

一九四〇年代にはラジオが巨大メディアに成長し、聴取者拡大のために政治経済から文化まで意見を述べる番組が生まれた。第二次世界大戦でもラジオ報道が情報伝達の中心となり、CBS放送のエドワード・マローは、欧州戦線についてアメリカ国内に情報を伝えた。マローは、自分を客観報道の担い手ではなく、オピニオンや分析を提供する人物だと認識していた。

もう一つは、商業主義の刺激で客観主義ジャー

写真7　エドワード・マロー

ナリズムが誕生したという流れは、民主主義社会でこそ起きたことだという点だ。中国メディア研究などでも、改革開放以降の市場化された新聞の萌芽をメディアの多元化として捉える考え方がある。

しかし、多党制下で複数の党派的メディアが、読者を拡大する商業主義のため党派性をあえて抑制したことと、民主化されていない一党体制下で商業利益を優先する新聞も生まれたことは、「商業主義の波及効果」として安易に同列視できない。権威主義体制下のメディアはアジェンダ設定をめぐり自立していない脆弱な存在なので、経済的「ニンジン」で権力にいとも簡単に支配を受ける逆説性を内包している。支配政党が広告枠を間接的に買い占めればいい。それを逃れるには市場化だけでは危険で、やはり民主主義との二人三脚が必要になる。

さて、では民主主義社会のメディアが完全に独立した存在で、ニュース選択など解釈はメディアの意思だと言いきれるのか。必ずしもそういうわけではない。第一章で番組の「色」を定義する要素として紹介した七つも、あくまでテレビ内部の要因の分類だ。それぞれが影響を受ける外からの力もある。それはPRすなわち広報の影響だ。宣伝は有料メディアを扱い、広報は無料メディアを扱う。有料メディアとは広告のことで、無料メディアとは報道や番組出演のことである。

†広報とジャーナリズムの綱引き

あるニュースがどのように選ばれ、どう扱われるかに、広報の影響がまるで忍んでいないものは少ない。二〇〇六年に公表されたアメリカのある研究によると、ニュースの四四％がPRによって作られている。広報に最も依存するのはリリースの丸写し記事だが、そのような例は少なく、現実的にはPRの刺激を部分的に受ける。しかし、「この特集記事はA党の提案で、以下の組織の情報提供を受けて書きました」とか「この特集はPR会社のB社の企画でしたが、この点とこの点は独自のこの追加取材で実現させました、それではご覧下さい」と注記されることはない。つまり記事や放送だけでは、メディアの自律性の度合いがわからないのだ。スポンサーや視聴率の影響は話題にのぼることが多いのに、PRの水面下の影響についてはあまり気にされない。

広報とジャーナリズムの現実の関係は、政治プロパガンダや企業宣伝の支配か、それともPRの影響を排した独立ジャーナリズムか、という白か黒かの世界ではなく、全体としては自立性を維持するためにここは譲れないが、他社にネタを持っていかれないようにここは乗るというグレーな駆け引きで成立している。

経済ニュースの報道は、政治と並んで広報との駆け引きに満ちている。二〇〇一年初夏、筆者は日本に進出して間もなかったアマゾン（Amazon.co.jp）を取材して「ＷＢＳ」で放送した。当時は、洋書の取り寄せ購入で使う顧客がいるものの、知名度は低い外資の書籍ネット通販という扱いだった。多数のドットコム系企業のひとつに過ぎず、日本での成功もまだ不透明と見られていた。

アマゾンのＰＲ演出は巧みで、配達員に扮したジェフ・ベゾスが東京の常連客に商品をお届けするという「寸劇」を用意していた。他局に独占を奪われないよう、可能な範囲でアマゾン側の希望にも応じたが、ベゾスに半日密着するからには単独インタビューだけは譲れなかった。創業者自ら東京の渋谷を走り回るＰＲを嬉々として行う。それ自体が日本市場への同社の「本気度」を表すニュースだと筆者は現場でベゾスと会って感じた。そこで彼らアマゾンが凝ったＰＲに躍起になるその姿をあえて通しで見せる、逆転の発想に切り替えた。

番組デスクとのＶＴＲ「尺」の拡大交渉に失敗したのは筆者の力量不足だ。そのため、貴重なインタビューの九割が未放送に終わった。単独を維持しながら、追加注文で取材密度を増すための駆け引きに苦慮したが、今思えばかなり早い段階でのベゾス取材だった。

アメリカ全体のデータで見ると、一九八〇年の時点でジャーナリストと広報担当者の比率は半々だったが、二〇一九年にはジャーナリスト一人に対して広報担当は四人から五人に膨れ上がっている。アメリカのPRのプロは、ほとんどが元ジャーナリストである。

二〇〇〇年代半ば、筆者にも米系ヘッドハンターから頻繁に声がかかった時期がある。ある誘いは外資系投資銀行の日本支社の広報統括ポストだった。探偵のように仕事を詳細に調べ尽くし、広報に転じないのは合理的ではないと言うエビデンスによる理責めの論法に驚いた。興味本位の逆取材で、シカゴ大学の同窓から情報が出ていることを突き止めたが、まだSNSが未成熟だった時代だ。あいにく筆者は「合理的」ではない道を選んだ。

たしかに、メディア学者のセス・アシュリーらが指摘するように、ジャーナリストは昇給と時間外労働の少ない生活を求めて広報職に転身しがちだ。アメリカでは比較的主流のキャリアパスである。ただ、広報からジャーナリズムの逆の「矢印」の割合は少ない。ジャーナリズムが建前では広く公益のためだとすれば、広報はある限定された対象の利益だけを守ることを目的にしている。ジャーナリストがあまりに広報に依存してしまえば、その存在意義を失う。

†候補者中心選挙とテレビ広告の到来

政治広報はアメリカにおいて独自の事情で急激に発展した。

それは政治コンサルタントという職種の台頭に象徴されている。アメリカでは一九七〇年代以降、地方の政党組織が衰退した。労働者の雇用を助けて票を束ねる「マシーン政治」は伝統的な都市のコミュニティが土台だった。それが郊外化や人口動態変化で縮小したのだ。そのため政党ではなく候補者が中心となって運営する選挙運動が主流化した。

元々、政党マシーンは予備選挙の採用、公務員制度改革などによって候補者選定への影響力を失っていたが、一九六〇年代に決定的だったのは、かつてマシーンの中核を担っていた移民層が教育・所得レベルの上昇に伴って郊外に流出したことだ。それにより都市部のマシーンが解体された。都市の濃密な人間関係を介した票固めに依存していた伝統的な選挙運動が効力を失ってしまったのだ。

制度的にも「候補者中心選挙運動様式」を促す変動が政党に生じた。

第一に、政党のボス支配を見直す、開かれた予備選挙システムへの制度改革である。民主党では女性、若年層、マイノリティの代議員を一定数選ぶことが定められ、一九七二年の選挙から適用された。これ以後、民主党の新しい代議員選出では、黒人、女性等への配慮なしに大統領候補の指名を受けるのは難しくなった。その一方で、幹部に支持を得ていなくても指名を獲得できるようになった。

第二に、連邦選挙運動法の制定だ。膨大になる選挙費用を抑える目的で一九七一年に立法化され、一九七四年の修正を通して、献金の透明化が促進された。候補者が独自に資金の流れを報告する義務が生まれた。そのことで候補者が、政治資金会計で政党から独立した選挙運動のアクターとして認められた。

選挙民は候補者単位で優劣の評価を下すようになり、候補者側が自力で選挙を運営する必要性に迫られた。これが新しい選挙運動手段と選挙コンサルタントの台頭を招く。それに先だつ一九五二年の大統領選挙で、アイゼンハワーが選挙用テレビ広告の先駆けとなる広告制作の宣伝チームを雇用したことが、本格的なテレビ広告選挙時代の幕開けとなり、それ以後テレビ広告を利用したメディア戦略が重要度を増した。

一九九〇年代までに科学的なターゲティングに必要とされた世論調査が一般化し、有権者ファイルのコンピュータ・データベースが登場した。かつて大都市では、投票区のキャプテンが有権者リストを保持して、住民の去就から雇用をめぐる要求までを把握していたが、コンピュータ化された有権者ファイルから、マクロレベルでシステマティックなアプローチが可能となった。しかし、こうした作業には専門のコンサルタントの知見が必要とされた。

ダイレクトマーケティング、すなわちダイレクトメール産業の発展と選挙への応用も顕在化した。要するに、それまでは政党主導で運営されていた選挙運動は、「選挙産業」の担い手であるコンサルタント主導になったのだ。

歴史学者のアーサー・シュレージンガーは、テレビとコンピュータ化された世論調査が、政治家と有権者の中間に立つ存在としての政党の意義に壊滅的打撃を与えたと述べた。「有権者は党組織が伝えることよりもテレビが示すことにはるかに依存しながら、候補者を判断する。コンピュータ化世論調査は、有権者を政治家の前に直接押し出し、政治家は党組織が伝えることよりも世論調査が示すことにはるかに依存しながら、選挙民を判断する」

†アメリカ最高峰の政治コミュニケーションのプロ

筆者にとってアメリカで「広報の師」と言える人は、ジャン・シャコウスキー下院議員事務所の報道官と副首席補佐官を兼務していたナディーム・エルサミである。南部テネシー州出身だが両親はエジプト移民で、大学を卒業後、ワシントンの連邦議会に乗り込み、上院郵便局で配達夫をしながら議会のしくみを実地で独学した人物だ。

バーバラ・ボクサー上院議員の事務所で電話番をしながらプレス・リリースの書き方を学び、副報道官に昇進。シャコウスキー下院議員事務所、ディック・ダービン上院議員の報道官を経て、ナンシー・ペローシ下院議長の報道官と首席補佐官を歴任した。郵便配達から議会の頂点まで三〇年近くかけて昇り詰めた「ミスターアメリカ議会」である。トランプ政権以降はロビイストに転じ、議会指導部への助言を行う立場にいる。彼の薫陶《くんとう》を実地で受けられたのは、筆者のアメリカ政治をめぐる経験における幸運のひとつである。

エルサミはリベラルではない。学生時代まで共和党支持者だった彼は「自分はプラグマティスト」が口癖だった。議会実務の過程で左派議員にも厳しくなり、恩師シャコウスキーとも政策上はかなりの距離がある。アメリカでは政治家とスタッフのイデオロギーが異なることは皆無ではない。エルサミは市場原理の信奉者でもあった。

「一つか二つ程度の法案を通すことでは世の中はなにも変化しない。法案を通すには妥協が必要で、極端に右か左になると通らない。民間のビジネスがしっかりして、はじめて政治を支えられる」と立法の力だけで世の中を変えることについてシニカルだった。

シャコウスキー事務所で、筆者には二人の上司がいた。ひとりはのちにオバマ政権でホワイトハウスの議会担当首席補佐官となるジョン・サミュエルズで、彼の代理で外交関係の委員会や会議に出席して報告書を作成するのが筆者の主な業務だった。

そして広報では、エルサミ報道官を補佐することを命じられた。広報といっても業務の範囲は広く、議員についての報道をウォッチし、関連事項を追跡調査することから始まった。エルサミに学んだことはそれだけで一冊の本になるほど多岐に及んでいたが、基本的な哲学は「議員の客は選挙民でありメディアではない。メディアは選挙民に効果的にサービスする上でのツールに過ぎず、選別して利用するもの」という鉄則だった。

メッセージ戦略は「オーディエンスが誰か」を決めることから始まる。プレスから電話がくる、公聴会室でアプローチされる、名刺を渡される、議員の様子や法案への姿勢を探られる。その都度、おろおろする筆者にエルサミは「マサ、何度言ったらわかるのだ。オーディエンスが誰か意識しろ」「その取材をうちが受けるべきか、どのパイプで売り込むべきか、すべてオーディエンス次第だ」と繰り返した。すべての人を喜ばせる法案や政策はできない以上、「喜ばせるべき相手」だけを確実に味方にすればよく、コミュニケーションに割り切りの濃淡をつけるべきで、八方美人は再選に有害だと教えられた。

シカゴ事務所のスケジューラーが次々と土日の予定を打診してくる。午前にユダヤ教会堂のシナゴーグ、午後にカトリック教会、デモに立ち寄り、環境保護団体、銃規制団体、地元大学幹部らと会合、ラジオのインタビューを受けて、テレビのスタジオ入り、献金筋とのディナーパーティと並んでいる表を「要」「不要」と切り刻んでいく。ワシントンの政策上の優先事項と、シカゴの選挙上の優先事項、それをつなぐのが広報の仕事だった。それによりワシントンにいながらにしてシカゴの支持基盤を学ぶことができた。この経験がなければ、その後のニューヨークの選挙戦で未熟ながらもアジア系集票の仕事は務まっていない。

議員の選挙区の支持基盤が何を譲れない哲学にしているのか、利益主体を隅々まで細かく理解し、全国メディアと議員の地元シカゴのメディアを媒体別に頭に叩き込んだ。放送であれば局別、番組別にウォッチする必要があり、朝のモーニングショーからコメディ番組、ラジオ各局まで、保守・リベラル選り好みせずに習熟することを求められた。警戒して遠ざけるためにも、相手を深く知るべきだからだ。議員が民主党だからこそ、共和党と保守に熟知しなければならなかった。これも政策畑だけでなく広報を担当できたことの思いがけない価値だった。

即時対応（ラピッド・レスポンス）の基礎も叩き込まれた。筆者は報告書を書くのが遅かった。英語が母語ではないという言語の壁もあったが、じっくり推敲してものを書く癖がどうしても抜けず、即打ちで「一枚紙」に簡潔にまとめることができずに苦しんだ。突発事案はモグラ叩きであり、即時対応でなければ意味がないと常に叱られた。

†日本とアメリカの記者制度

アメリカにも記者管理の制度はある。記者章も申請制で、認可には日本以上に時間がかかる。しかし、日本の政治部の番記者システムのようなものはない。

日本の政治部の番記者システムは記者クラブとも層が一段違う。記者クラブに加盟申請することは、日本でも以前ほど難しいことではないが、番記者はきわめて閉じられた制度だ。朝から晩まで特定の政府要人、派閥、政党の党首に張り付くので、それだけのマンパワーを擁する会社しか参加できない。兼務は好まれず、つまみ食い的な参加は許されない。担当が懇談に欠席するときは、社から「代打」を出さないといけない。記者クラブも幹事業務の月には、自社の取材・放送よりも幹事業務を優先する義務があり、これが規模の小さい会社やフリーランスには重荷過ぎる。番記者システムでは、記者をただ張り付けられる陣容上のゆとりのある組織でないと難しい。政治家と番記者は、長い時間を共に過ごすこと、それ自体に目的がある。効率的な取材を求めるアメリカの記者からはとにかくこれが時間の浪費に見える。

日本の政治部の番記者システムは三層構造になっている。メンバーシップ外にはきわめて排他的だが、内側では平等主義が貫かれ、媒体や社間の格差はない。テレビも新聞も平等で、民放や地方紙が食い込むこともある。横並びのため大きく「落とす」ことはないが、権威主義体制下の官報メディアとは異なり、しっかり「抜く」ことも求められる。他社を出し抜くには個別努力が要る。つまり、排他、建前としての横並び、水面下の競争の三層だ。

取材対象とは独特の緊張関係もある。政治家や官僚にとって記者は貴重な情報源だが、心を許せない相手でもある。記者は自社で書けないときは、週刊誌や他媒体経由でメモや情報を流す「間接技」で反旗を翻すからだ。

毎日朝から晩まで「合宿」状態なので、番記者とりわけ総理番の同期の絆が深くなり、他社の後輩を本気で叱るような社をまたいだオンザジョブ教育もある。だが、もともと「同期」概念もないアメリカ人には説明が難しい。アメリカの記者は終身雇用の社員ではなく、契約で所属する記者である。新卒一括採用もなければ、記者を社が丸抱えで育てる慣行も存在せず、大手は技術的に即戦力を求める。ローカルの社での実務修業やジャーナリズム大学院での専門職訓練が要る。

アメリカは取材面では間口が広い。日本の記者クラブのような横並び部分がなく、すぐに個別の競争になる二層構造である。ワシントンでは、ホワイトハウス、官庁、議会の議事堂内には記者登録がないと入れないが、議員会館は誰でも入れる。日本の政治広報では番記者システムさえ管理していれば、その政治家に関する政治部の報道の元栓は握れるが（社会部の掌握はできない）、それがないアメリカでは、全米どころか世界中のメディアやフリーランス記者から取材攻勢を受ける。議会でも選挙陣営でも、瞬時の選別を誤らないため、社や記者を覚えるのは筆者にとっても日課になった。

ホワイトハウスにもアメリカ国内の主要メディアだけを特別に優遇するインナーサークル制度が厳然としてある。しかも、優遇は政権ごとに変わる。議員事務所・選挙事務所も誰をインナー扱いにするかは、政治的な判断で行う。その差別や優遇の仕方はあからさまである。どのプレスの取材を優先的に受けてサービスするべきか。議員と選挙区ごとに優先順位が違う。

†地域別、社別、媒体別、取材・出演形態のメディア格差

メディア対応の格差は選挙区の票田《ひょうでん》から逆算して決まる。シャコウスキー事務所の場合、地盤のイリノイ州第九区内を中心に、シカゴ、イリノイ州、中西部、全米という順に格付けされ、当然海外は後回しになる。海外プレスに対応する場合は、「英語圏かどうか」が第一基準である。選挙区の住人向け、アメリカ国内向けに記事を転載できなければ宣伝にならないし、特殊言語だとモニターが難しいからだ。

海外プレス選別の基準は、議員活動にとって戦略的に重要な国・地域で、概ね選挙区のエスニック分布と比例する。たとえば、シャコウスキーの場合、イスラエルが最重要で、カナダ、メキシコ、欧州、中東、南米、その他（アジア・アフリカ）となるが、その順位は流動的だった。大手メディアの特別扱いはある。シカゴでは「シカゴ・トリビューン」と「シカゴサンタイムズ」の二紙が特に優遇され、ニューヨークでは「ニューヨークタイムズ」が別格の地位だが、地元テレビも大切にされる。ニューヨークでは二四時間ニュース放送の「ニューヨーク1」が独特の地位を占めていた。

また、意外に重要度が高いのが「業界メディア」である。議会には「ロールコール」「ザ・ヒル」などの議会新聞があり、「人物紹介」記事になれば議会内でのプレゼンスを高める。また、C-SPANという政治専門チャンネルは、視聴率は低いながらも選挙区への影響力が大きい。公聴会で議員による参考人への質問のライブ中継は見せ場で、テレビ中継されなくても事務所のニューズレターやウェブサイトに議員の発言を転載する。

のちほど第五章で考えるエスニックメディアという特定の民族や宗教の広報・宣伝媒体も重要である。選挙のアウトリーチ局は、各社に必ず一人は候補者寄りの御用記者・編集者を見つけ、関係を強化し、宣伝媒体として利用する。

同業への影響力が強い媒体とくに「ワイヤー（通信社）は大切にしろ」と教えられた。

いわゆる「同業者視聴率」の重要性である。業界関係者が読む一〇〇部は一般読者の（しかも眺めるだけの）一万部よりも価値がある。朝刊が昼の番組、昼の番組が夕方の番組に影響を与える。

アジェンダ設定への介入と宣伝は目的も手段も異なる。新聞社やテレビ局の編集会議や企画会議では、かなりの労力が他社や他媒体が何をどう報じているかのチェックに終始する。他社や異媒体同士の中での「あっちがあれを扱った。ならうちは違う角度で同じものを」という「バンドワゴニング」で、それを最初に支配するのが通信社のニュース選択と見出しの立て方だ。取材機能に限界があるテレビや地方紙は特に通信社の影響を受ける。「元栓」はトーンセッターの通信社を管理することである程度コントロールできる。

政治広報の最大の関心事は、「議員や候補者がどのように扱われるか」という点に尽きる。無料広告は効果が大きい一方で、扱われ方の方向性を議員事務所や選挙陣営側が管理できない。テレビ出演の誘い文句と実際の展開にズレがあることは日常的だ。宣伝になるのではないかと期待して密着取材を許すと、こちらが意図しない印象を視聴者に与えてしまうこともある。編集権がメディアにある以上、放送されるまでどうなるかわからない。インタビューは「情報を取る」ため、対話風景を「見せる」ためでは目的が違う。記者が行うオフレコ取材は内容だけが主役だが、カメラが回っているインタビューは話者の声、風景すべてがショーの一部になる。

例外は生放送のライブ番組である。テレビ画面作りと司会進行は局側に委ねられるが、発言を編集させることは最低限防げる。エルサミが「ワシントン・ジャーナル」（C－SPAN）への議員出演を好んだのは、それが生放送であったからだ。議員のオピニオンを全面に出す場合、記者会見以外のテレビ出演は、生放送でなければ却下される公算が高い。

かつてほどの視聴率ではないとはいえ、アメリカの政治家はまだテレビを優先する。テレビに出演して話題になれば、それがネットやソーシャルメディアに拡散するという意味で、まだまだ基幹的かつ効率的な回路だからだ。投票率が高い高齢層の有権者のテレビ視聴率がいまだに高いこともある。ソーシャルメディアは拡散力があるが、メディアに報じさせた情報をソーシャルメディアに拾わせたほうが広域性は高まる。支持者ではない層がその政治家のソーシャルメディアを目にしにくい「フィルターバブル」のハードルは無視できない。

娯楽色の強い番組に政治家を送り出すには、司会者やプロデューサーとの人間的な信頼関係ができていないと、失言やイメージダウンにつながる可能性が高く危険である。メッセージの伝達範囲の見極めも重要となる。大統領候補は、全国区で顔を売る必要性からコメディなど娯楽番組に出演する行為が一九九〇年代から加速している。しかし、選挙区が小さい議会選挙ではメリットは小さい。

また、相手を論破しても「政策の鬼」というイメージを植え付けるだけで、選挙では逆効果にもなる。二〇〇〇年上院選挙ではヒラリー・クリントンも一貫してトークショー出演を避けて成功した。陣営が唯一積極的に出演させたのは観客参加型トークショーで、主婦層を意識して家庭的な側面をアピールする目的だった。「メディアはメッセージ」（マクルーハン）ではないが、どの媒体の番組や記事に出る決断をしたか、がそのまま有権者への「メッセージ」となる。

†署名と匿名

ジャーナリストにとってのジレンマは、情報源との密な関係の維持とアウトプットの深さの両立である。知り得たことをなんでも報じていたら、ソースとの関係が崩壊し、継続的に一定の深さの情報を読者や視聴者のもとに届けにくくなる。そこでアメリカのテレビ報道は「書かない」記者も意図的に温存してきた。皮肉なことに「すぐ書かない記者」には情報が集まる。アウトプットを出し渋ることでソースの信頼を得られるからだ。

アメリカでも権力に食い込んで裏情報を取ることは、一定の信頼を得ているメディアと記者にしかできない。CNNで長年ペンタゴンを担当するバーバラ・スター記者は、軍という特殊な組織に食い込むことに人生を賭けてきた。CBSのデイビッド・マーティン記者と並ぶ、アメリカのテレビ報道を代表する「ペンタゴン記者」だ。しかし、スターは武力行使への批判や反戦報道をすることは少なく、国防総省寄りとの批判も根強い。

とりわけ外交・安保、インテリジェンスの分野になるが、この類型にある記者には、メディア幹部も放送中でのあからさまな権力批判を期待していない。そんなことをすれば継続取材は困難になり水の泡だからだ。中継で話す場合は当局の方針や動きで確証がとれたものだけ伝え、裏情報は内部共有することで誤報防止を含め報道全体に横断的に活かされる。

一人のジャーナリストに「速報」「ファクト報道」「巨悪の暴露」のすべてを求めることを諦め、食い込んでネタを横流しにする動きと、調査報道や政府批判の動きを峻別するやり方だ。ときにはテレビでできないものは別媒体とで共有する方法もある。

「そのまま出さない情報」には伝える情報の精度を補強してくれる価値がある。どんな記者も「一」の内容を自信をもって伝えるには「一〇」の情報が必要だ。だから、スターの最大の価値は、毒にも薬にもならないオピニオンではなく、彼女が伝えたらそれは確実だという信頼にある。この分野の情報は特殊で、何らかの事情で知り得た情報を出すことが記者としての生命を終わらせることもある。時効で出せることもあれば墓場まで持っていく情報もある。

　これと絡むのが「署名記事」の問題だ。アメリカは新聞や雑誌では署名記事、テレビも記者個人の顔出しでリポートをする伝統がある。署名記事は責任の所在を明確にする上でも、ジャーナリズムが緊張感を保つ上でも、価値ある原則だ。その肯定的な面を認めた上であえて言えばジレンマもないわけではない。

　記事を誰が書いたかわかると、普段の付き合いや動きから情報源が類推されやすい。すると情報源は保身のために口が堅くなり、書く側も関係維持を優先するあまり、踏み込みを手控える。

　わかりやすく日本の例で考えてみたい。仮にある省庁の当該案件を担当する原課の課長の情報で書いても、官邸、与党など「別クラブの取材と出稿だ」と報道課に記者が返答すれば、関係者は薄々気がついていても丸く収まる。結果として、リスクをとった深い段階まで報じることができる。署名化すると、報じる情報の濃度に関しては、読者利益を損ねる力学も部分的にある。別人の名前にしてしまえばカモフラージュできるが、嘘は倫理的に問題だ。そこでイギリスのニュース雑誌「エコノミスト」のようにいっそ匿名記事の伝統を貫く事例もある。これは何を優先するかの問題でもある。

　より深刻なのはテレビにおける記者の署名リポートの矛盾である。組織メディアではたった一人で仕事を完成させることは難しいが、テレビ局ではとくにその傾向が強く、わずか二分のＶＴＲ一本の制作と放送には凄まじい人数が関与している。しかし、名前が出るのはアンカー以外では顔出しの記者だけだ。原稿に筆を入れる最終責任者はデスクだが、デスクの名前は表には出ない。映像メディアは撮影や編集のニュアンスもとても大切な要素だ。しかし、特番やドキュメンタリー以外は、ニュース番組にはカメラマンや編集マンなどのスタッフのエンドロールは日本では出ない。アメリカでも稀に時間が余った日しかニュース番組に長いエンドロールは出ない。

たとえば、国会記者会館から中継する記者の原稿は、与野党複数の夜回りメモや取材の結晶だが、官邸や与野党のキャップが筆を入れ、ときにはほとんど書いてしまい、それを本社のデスクが修正し、出来上がった原稿を政治部の誰かが読み上げる。出演業務が生じると、本番前と本番中は現場取材もできず、最新情報は現場で取材中の複数の記者に入れてもらう。もはやそこに「署名記事」の意味があるとは思えない。取材は政治部あるいはそれ以外の記者全員が関与し、原稿を校了する責任者は本当はデスクだからだ。

プロデューサーやスタッフの名前は番組によってはネットに載ることもある。だが、個別の放送日の特定のＶＴＲや原稿を作り上げた報道スタッフは可視化されない。一人だけ「読み手」の記者だけが名前と顔をさらす。ここにテレビニュースを署名記事化する偽善性が滲む。

アメリカのネットワークニュースの慣習では、出演する記者が番組のレギュラー「固定キャスト」のような役回りを演じさせられる。出演者の数が増え過ぎると視聴者が混乱するとして、ホワイトハウスはこの記者、金融はこの記者、軍事はこの記者と決め、視聴者に番組ごとにファミリーのように顔を覚えさせる。ホワイトハウスを五人で取材していても、誰か特定の一名だけが、まるでその人がすべてを取材しているようにリポートする理不尽なシステムだ。政治だけでなく社会ニュースの場合も同じだ。一九八二年にワシントンのポトマック川で起きたエア・フロリダ九〇便墜落事故のCBS報道が、今でも悪例のケーススタディとしてアメリカでは語り継がれている。平野次郎『テレビニュース』から引用しよう。

「その墜落事故が発生したとき、事故の現場にいちばん近い国防総省の記者クラブにいたCBSテレビの若い記者がいち早く現場に駆けつけ、必要な取材をしていつでもカメラに向かってリポートをする用意ができていたのに、CBSテレビはその若い記者が夜のニュース番組のレギュラーの記者でないという理由だけでリポートをさせず、その日たまたま休みをとって自宅にいたレギュラーの記者の一人をわざわざ呼び出してリポートをさせたというものだ。おまけにそのレギュラーの記者はニュース番組のレギュラーの記者ではあっても、決して航空問題や航空機事故を専門に追いかけている記者ではなかった」

この実話から数十年が経過したが、これほど極端ではなくても現場では大なり小なりこの手の滑稽《こっけい》なことが毎日起きている。

†記事化、番組化と編集権への介入

政治広報が、政策アピールや議員立法を単体でメディアにリリースしてもそのままニュース化してもらうのは難しい。メディアは「機関誌」ではないのだから当たり前だ。何か大きなテーマの一部として扱ってもらうしかないのだ。ニュース化には公共性という大義が要る。

そこでアメリカの政治広報の現場では、「自分が記事を書くなら」「番組を作るなら」それがどう扱われるかをまず想像することがある。模擬記事やドキュメンタリーの構成案を自分で書いてみるのだ。二四歳当時の未熟な筆者には、なかなか想像が難しかったが、他事務所や選挙陣営の元ジャーナリストのスタッフにもやり方を学んだ。テレビや新聞は宣伝の片棒を担ぐことはできず、少なくともそうではないように見せる。FOXニュースのような党派的な局でもそうだ。

広報側としてはまず、法案に関する社会問題の特集番組を想定する。報じるバリューのある「口実」を考えるのだ。法案に関係する利益団体やキーパーソンを列挙し、ときにはアポイントメントの根回しも記者に協力する。両論併記にできるように対立軸も想定し、法案に反対する立場の言い分をそれに対する議員側の言い分も付け加えてレクチャーする。テレビには「シーン」が必要なので、記者会見だけではもたない。カメラが入る内輪の会議風景、デモや決起集会で議員や支持者が密着撮影に応じられる可能性も示唆する。あくまでこれらは「ご参考」だ。

メディアはどうせこの通りにはしない。本当の企画意図も隠すし、自分たちの意図に誘導しているつもりで慢心して放送を見たら、相手側の政党の特集のパーツにされていたこともある。プレスは取材過程で企画の全貌を明かさず、嘘をつかない範囲でぼかす。

しかし、周辺情報や「口実」をセットにした売り込みという、「逆アジェンダ設定」にプレスは必ず影響を受ける。何か大きい別の法案が動いているとき、その社で大きな企画が終わったばかりのときの広報は無駄撃ちに終わりやすいが、「ネタ枯れ」シーズンや他の企画が行き詰まったときは売り込みどきである。そのためメディアの編集や企画の進行の度合いを広報が「逆取材」する必要がある。アメリカの政治広報の仕事のかなりの部分は、ジャーナリストやメディアを「取材」することだった。アメリカの広報が元ジャーナリストを雇うのは、会見運営能力よりも取材力を欲する意味合いが強い。

アメリカの議会や選挙陣営の広報戦略では、付き合うメディア関係者には大きく目的別におよそ三類型があった。

第一に、大きな扱いで報じてほしいストレートな広報目的である。そこで重要なのは、アクセスする記者やプロデューサーの選び方だ。しっかりと記事や番組の扱いにつながる力を持っている人物でなければ意味がない。影響力のあるセクションや番組に本当に関与しているのか。名刺に「CNN」と書いてあるだけでは信用できない。そのプロデューサーに流せば、確実に看板番組が大きく扱うという保証が欲しい。「シカゴ・トリビューン」でコラムが明日にも書けるのか。社内説得に三段階かかったあげく、二週間も待たされてベタ記事では、リークした意味がない。「一本釣り」では、その社の可否がでるまで他に回せない。「一社優先」で扱いを大きくする社内説得をしてもらうからだ。

当該の記者、編集者、プロデューサーが、社内で本当に影響力のある地位にあり、ボスを説き伏せる実権があるのか、これが事前にわかっていないと勝負のリークは確実にできない。肩書きだけでは判断はできない。外では有名でも社内で亜流化しているタイプかもしれない。ワシントンでは特に詐欺的なセルフプロモーションが多く、自分はあの議員を知っていると言ってきたり、著名アンカーとのツーショットを自慢げに見せたりするが、今すぐ目の前で電話をかけて売り込んでくれるわけではない。

それに対して広報の側は、二つの方法で彼らの「実力」をあぶり出すことがある。一つは周辺のピアレビュー取材だ。現場にいる他社の記者、それから同じ社、転籍前の前の社の人間を摑まえて評価を聞き出すのである。人物評価、過去の仕事、興味関心、そして本当の党派を調査する。偽リベラルか、偽保守か。意外な事実がわかることがある。銃規制には反対しているとか、カトリックのはずだが世俗系でもう一〇年も教会に行っていないとか、上院議員の誰それと大学のクラブが一緒だとか。

もう一つはテストである。小ネタを与えて本当に記事化できるのか、番組にできるのかを実験するのである。派手なリークでなければ完全に記事や番組にならなくても仕方ない。しかし、企画がある程度まで行った証拠が見たい。その具体性を判断する方法がないわけではない。別のスタッフにも会いたいと依頼しても、内部に話が通せていないと連れてこないし、進捗のディテールの不自然さは浮き彫りになる。

掲載や放送の前に、議員事務所や選挙陣営の上層部は、どのような扱いになるのかを見たがる。議会でも選挙陣営でも「見出し」への逆取材要求は常に圧力としてあった。媒体の最強の権限は「見出し」である。ジャーナリズム倫理的には編集権は聖域であり、「見出し」には外部からは力を及ぼせないが、そこにどこまで「間接介入」できるかが政治広報の腕の見せ所でもあった。聖域に非公式に分け入るには、相当な「バーター」が必要である。

†記者を介した情報収集とアジェンダを誘導する「スピン」操作

政治広報が記者と付き合う第二の目的は、「情報収集」だ。この場合は、その記者の社内影響力は関係がなく、視聴率や部数が少ない小さな社でも構わない。情報通なら意見交換の価値がある。ニュースを書かない記者とは安心して会えるが、あまりにアウトプットがないと訳ありの可能性もある。取材力はあっても企画を通す社内政治力がないか、テレビであれば映像の制作能力に難ありか、転職のために他社に情報を流しているのか、コラムや著作の執筆のために情報を溜め込んでいるのか。

メディア側の関心事への逆取材がまずなにより大切だ。選挙区の何に関心があるのか、編集会議では何が話題になりがちなのか。自分の会社のことはなかなか言わなくても、ライバルの他社の動きについては口も軽くなる。

次に、彼らが持っている政治情報からの学びである。ベテランは本当に詳しい。ニクソン政権の頃からホワイトハウスを見ているという記者に歴代大統領の素顔を聞き、議会通の記者に法案審議の駆け引きを学び、ニューヨークのチャイナタウンの生き字引的な記者にアジア系の内部分裂や市議選の動向までレクチャーを受けた。彼らは筆者のことを日系のひよっこ広報だと思って「息子よ、知っておきなさい」と可愛がってくれた。ジャーナリストは人事情報にも詳しい。ワシントンでも霞が関でもそれは同じだ。また、この手の情報はその記者の食い込みや情報源の範囲を探る上でも役立つ。

記者と付き合う第三の目的は、「スピン操作」である。あるアジェンダをワシントンや選挙区で話題にしたい、あるいは議会内でこういう噂を立ててアジェンダを誘導したい、というときに攪乱《かくらん》目的で意図的に断片的な情報を出すことである。いくつか類型がある。

まずは「火消し」である。失言や不祥事、議員の政策に反発が強まった等々、何でも先手で報道が拡散する前に手を打つ。企業でも政治でも広報の要になる危機管理の仕事だが、ここで最も効果的なのは経験上、リリースの謝罪文でも、記者会見のセッティングの素早さでもない。プレス内あるいはネットで、擁護的なトーンを主導してくれる記者やブロガーなどのインフルエンサーをどれだけ平時から抱えているかである。

かつては大きな番組のプロデューサーの電話番号を一つ握っていればよかった。一九九二年大統領選挙でのクリントン陣営の広報は秀逸で、次々に噴出した女性スキャンダルを人気番組への独占出演だけで潰していった。メディアは「単独」に弱い。一社出演と引き換えに政治家の反論に有利な台本に誘導することは可能だ。他局とのまたがけをちらつかせれば、かなりの譲歩を引き出せる。クリントン陣営はネットワークのアンカーの功名心も巧みにたきつけ、有名番組を順繰りに利用して言い分を垂れ流した。メディアが多元化した現在は、メディア出演をネットがどう書くかがより重要で、地上波の番組に出るだけでの火消しは難しい。

いずれにせよ「窓口」とは当然、貸し借り関係が突発の「Xデー」までに成立していなければいけない。将来的に特ダネを与えるという空手形を切るにしても、個別アクセスで交渉を持ちかけるパイプが最低限、成立している必要がある。無論、会見や記事で直接の擁護は期待できない。彼らはより迂回的な方法をとる。社内会議で別の企画で枠を小さくしたり、「裏が取れないので過度に叩いて誤報にならないほうがいい」と再考させたりもする。コメンテーターの選択に影響を及ぼすこともある。

次に、政策立案のための調査だ。政策立案では世論調査専門家（ポールスター）が、フォーカスグループ（対話観察調査）や電話調査などで念入りに選挙区の意向を調べる。しかし、メディアがどうアジェンダ設定するかを知りたい場合がある。メディアの関心が有権者の関心を牽引するからだ。そこでいわゆる「アドバルーン」と呼ばれる「観測気球」を上げる。たとえば、「同性婚に賛成するかも」「対抗案で議員立法も」「民主党予備選ではアジア系女性を推す可能性」などの記事を、「あるソースによると」という書き出しで書かせる。

記事の扱い方、他社の後追い、読者・視聴者の反応を吟味して、方向転換や中止を余儀なくされることもあるし、厚みを増す部分が見えたりする。しかし、乱発は禁じ手である。観測気球に過ぎなかったとわかると、二度と書いてくれなくなるからだ。だから「誤報」にさせないフォローが欠かせない。「検討していた」ことは事実だとわかる議員のコメントがときには必要で、法案が実現しなくてもその記者の面子は保てる。

最後は、メディア戦やキャンペーンである。相手候補を潰したい、敵対政党の法案がこのままでは通ってしまう、ある利益団体が支持基盤の内部をかき乱していて選挙に有害である等々への対抗策である。ターゲットのイメージを悪くする情報を出したり、有料広告を打ったことを話題として番組に扱わせる。いわゆる「ネガティブキャンペーン」と呼ばれるものだが、これはやらなければやられるという場合には大なり小なり「必要悪」だと現場では考えられている。もし、「フェイクニュース」まがいの怪文書的な情報が広まれば、対抗措置をとらなければならない。

これはネットやソーシャルメディアの浸透で最も多元化している領域だ。書き込みやツイートなどの「即時対応」が増しているが、広報担当だけで個別に対応できる時代は終わった。選挙区の支持基盤の鍵になる活動家が主導して、草の根ソーシャルメディアが動かないと難しい。トーク番組の常連出演者のパンディット（政治コメンテーター）にインプットし、論調を誘導するなどアジェンダ設定への介入も行われる。

また、役立つのがエスニックメディアや団体メディアである。特定の民族、人種、宗教などを代弁するエスニックメディアの拡散力は可視化されにくいが甚大だ。ユダヤ系の新聞、ヒスパニック系のスペイン語放送、中華系のテレビなど多種多様なメディアがある。

写真8　果物店の屋台に貼られた香港系 NY 市議の選挙広告（中文繁体字とハングル）

移民社会では、選挙戦も多言語で行われる。たとえば、ニューヨークの民主党陣営で拡散力を誇っているのは中華系の労働組合で、筆者が彼らに情報を流すと数日後の候補者の集会を満席にできた。概ねこうした団体はエスニックメディアとも通じていて、中華系の労組を動かすなら、チャイナタウンの中文紙記者が重要だった。また、カトリック系新聞で記事化されると、次の日曜日の教会では礼拝のあとその話題で持ち切りになる。同性婚、人工妊娠中絶についての政策をめぐる誤解、貧困対策や反戦アピールなど民主党のアウトリーチにカトリック信徒がよく触れるメディアは必須だった。

†「ハウス・オブ・カード」のメディア操作学

ネットフリックスの人気政治ドラマ「ハウス・オブ・カード（House of Cards）」（二〇一三〜一八年）には、ジャーナリストを利用した政治家の広報戦術が描かれている。社内の特ダネ競争は、リークの背後にある権力側の意図を詮索する心の余裕をもかき消してしまう。この作品内では、本来報道官が担当する記者との接触やリークによる情報操作を、主役である下院議員本人が担っている。

ベテランで影響力のある記者はコントロールしにくい。そこで無名の若手の成功を手助けして、恩に着せて、意のままに操る方法がある。無名の若手記者にリークという餌を与え、手なずけ、育てていくのだ。シングルソース（ひとつの取材源）で特定の政治家のネタだけでスターダムにのしあがると、その政治家と一蓮托生のしがらみが生まれ、巨悪に気がついても見て見ぬ振りを余儀なくされてしまう。

よほどの大物プロデューサーやコラムニストを抱え込まないと記事化、番組化にすぐにはたどり着かないが、往々にして「大物」は他のソースとまたがけしている。軽量級のネタしか与えないと、別の政治家を「主人公」にしたストーリーに切り替えられてしまうし、敵対政党側のトーンで書かれてしまうかもしれない。「もっと良いネタを出さないとおたくの議員は私の記事の主人公にはできませんよ」という静かな「脅迫」を繰り出す記者もいる。

　こうしたベテラン記者の術中にはまると、むやみにリークのカードを切り過ぎた上に、ふたを開けてみるとボスへの言及は僅かしかなかったり、敵陣営をよく描いていたり、益無しの裏切りにも遭う。既に地位が確立している記者に一つや二つのネタを与えても感謝されないし、望んだ通りには書いてくれない。

　それならば各方面にソースが開拓できていない若手を育て、意のままに操るほうがいい。若手の問題は社内での影響力がないことだ。そこで小ネタを与え、本紙や地上波の看板番組で特集にはならないネットやケーブルの埋め草の枠に書かせる。スマッシュヒットを飛ばして登用されれば、影響力のある枠で書くようになる。出世を手伝うのである。フリーランス記者にネットで書いてもらい、著名コメンテーターに育てあげることもある。

　こうした方法はネット記事が主流化して行いやすくなった。かつては紙面や画面に載せるには枠とタイムラグの両面で制約があった。ネット時代には記事は常時アップロードされる。記事をデスクがチェックして以降、寝かしているとダブルチェックや横やりが入るかもしれない。その前にアップロードできることで、リークによる情報操作の回転が早くなった。また、スマートフォン時代では政治広報側も、移動中や会議中に記者とテキストだけで連絡が取りやすくなった。
「ハウス・オブ・カード」に登場する野心的な若手女性新聞記者は、ベテランを見返してやろうと背伸びをしてしまう。リークに飢えているから、格好のカモになる。内部情報の証拠の「紙」が手に入れば、上司も他社を出し抜く欲求には抗えない。記者はみるみるうちに有名になり、報道番組にパンディットとして露出するようになる。経営側は「スター記者」をテレビで有名にして収益を上げようと出演を追認する。ワシントンの政治記者の成功物語の背後には、常に政治広報のスピン操作がある現実があますところなく描かれている。

しかし、特定の政治家の寵愛《ちょうあい》を受け、そのリークだけで地位を確立したジャーナリストはソースを明かせなくなるし、反旗を翻すこともできなくなる。結局のところシングルソースでの「抜き」は、往々にして政治側の意図に利用されかねない。この作品の下院議員の場合は、政敵を追い落とすためだ。シングルソースの特ダネは裏の取りようがないことが多いし、むやみに裏取りに動くと情報源に動きを察知されかねない。

†フェイクニュース事件「ピザゲート」

これらの政治広報のノウハウはマニュアル化されているものではなく、かなりの部分が経験に依存している。とりわけネット戦略とくにフェイクニュース対策は手探り状態だ。

ネット系の「フェイクニュース」事件の代表例として有名なものに「ピザゲート」がある。二〇一六年、ワシントンのピザ店に二八歳の男性がライフルを持って乱入した。男は「地下室でクリントン夫妻が幼児の人身売買をしている」との情報を真に受け、子どもたちの救出に突入したという。この事件は異常な男性の例外的事例として語られたが、それには伏線があった。

あまり報道されなかったが、このピザ店の経営者のシェフは同性愛者で、なおかつ民主党の大口献金者だという裏話があった。店主のパートナーがやはり同性愛を公言している民主党幹部だった。彼らがクリントン元大統領と接点があったのも事実である。ところが、憎悪の対象になる要点（この事例では「同性愛」）、党派や政敵（この事例では「民主党」と「クリントン」）が、ネットという磁場で掛け合わさることで陰謀論がまことしやかになっていった。

ウィキリークスが暴露した、クリントン側近のポデスタ元首席補佐官のメール内で店主の名前が言及されていたことで、事態は信憑性を増した。店主らがクリントンと知り合いだったのは事実で、すべてが偽情報というわけではない。さらに、少女がピアノを弾いている写真がインスタグラムにあった。これはのちに店主が「（キリスト教の洗礼で後見人になる）名付け子とその友達」と説明しているが、同性愛者なのに小さな子どもがいるはずがないという思い込みがまず受け手に生じた。

このように、「フェイクニュース」と呼ばれるものは、無から生まれるのではなく、事実や個別の物的証拠が、憎悪や党派心からくる解釈で、点と点の結び方が歪められることで「信憑性」を獲得していく。匿名掲示板の「4チャン（4chan）」に子どもの顔写真やクリントン大統領からの手紙が貼られ、店主のメール内にある「ピザ」「チーズ」が犯罪の暗号だと囁かれた。それがフェイスブックで拡散したことで、店主はソーシャルメディアで数百件の脅迫を受け、ピザ店は焼き討ちされるべきだとのダイレクトメールも来た。最後は店の前でデモまで起きた。ライフル男の突入はその延長にあるものだ。同性愛者への憎悪、二〇一六年大統領選挙による分極化、ソーシャルメディアなどの環境要因がすべて揃わなければ、この騒動は起きなかっただろう。

†フェイクニュースに打ち克つ「物語」

二〇一六年の大統領選挙で敗北した民主党は、選挙資金の額では共和党を引き離していた。しかし、その資金の配分の適正さをめぐり批判的な内部検証が行われた。クリントン陣営本部と外部の民主党系のスーパーPAC（政治活動委員会）が連携して、「ファクトチェック」用のリサーチと即時応戦（ラピッド・レスポンス）に資金を振り向けていたが、これが「フェイクニュース」の嵐の中ではまったく役に立たなかったからだ。

二〇一三年設立のスーパーPAC「コレクト・ザ・レコード」は、ワシントンに広大なオフィスを構え、国内外の英語圏での対クリントン言説を漏らさず捕捉した。まるでNASAのコントロールルームと見紛うようなそのオフィスで、無数のモニターを前にスタッフがかじりついて一心不乱に記事や動画をチェックしていたが、放送される全番組をハードディスクに録画するなど人海戦術で記録し、その「正誤」について本部の幹部スタッフがツイッターで反論するためだった。

また、大統領選挙のディベートでは陣営サイト内に「Literally Trump」という「ファクトチェック」を設け、候補者の発言の真偽確認を発信した。そのページは二〇〇万アクセスを超え、SNSでも約一万八〇〇〇回シェアされている。さらに、メディア引用とユーチューブ動画のリンクで、真偽確認に便乗したネガティブ攻撃も展開した。

しかし、同スーパーPAC元幹部をはじめ、元クリントン陣営スタッフはこの大規模な「ファクトチェック」を批判的に総括している。「資源を候補者の物語とメッセージ伝達に費やすべきであった」と語る元責任者は、「いくら情報が誤りで、こちらが正しいと提示しても、ほとんどの有権者は正誤に関心を持たなかった」と振り返る。

「フェイクニュース」時代におけるファクトチェックは役割を終えたという見解もある。あまりにフェイクニュースが一般化したことで、どんなコメントやツイートも、それもどうせフェイクに違いないと引用先も何もかも疑われるシニシズムが蔓延し、既存メディアの引用やリンクは逆効果だという。

現場が傾いているのはホーリスティックで質的な対応である。民主党のメディア戦略家は候補者をめぐる「ナラティブ」とその語り方における「感情」が鍵になると指摘する。

「候補者が何者であり、その信念をなぜ信じられるのか、コアな理念は何か、なぜ公約が実現可能なのか、候補者はそれらを定義すべきなのだ。そのレベルの深さで候補者を信頼してもらえれば、フェイクニュースは怖くない。有権者が、自分は立候補者の本性を知っている、立候補者の本当の動機や人格を知っている、だからフェイクニュースなどに騙されない、と言える」

いわば論理ではなく感情に訴え、有権者と感情レベルで結びつくことが鍵だという戦略だ。自分が信じる候補者像と一致しない中傷を目にしたとき、「そんな人ではない」と拒否反応を示す「抗体」があれば、彼らが自主的にファクトを調べて虚偽の訂正を広めるサイクルも生まれる。そのためには有権者とまず深く感情的に結びつくことが必要だ。

なるほど二〇〇八年大統領選挙のオバマ陣営においては、オバマの半生の「物語」が響いた。ハワイで生まれていないという出生地疑惑や、オバマ夫妻が懇意にしていた黒人牧師の反米的暴言問題のほか様々な誹謗中傷は、情熱的な支持者が信じる「オバマ物語」がワクチンになり跳ね返した。その意味では、オバマの自著、とりわけ政治家になる以前に書かれた自伝風の私小説『ドリームズ・フロム・マイ・ファザー』（一九九五年）が候補者擁護運動の自動化装置でもあった。輝かしい経歴の羅列に終始した、複数のスタッフの手で編纂される隙のないマニフェスト的な本では効果はない。

ここに広報の限界と可能性が浮き彫りになる。素材としての候補者や商品に売り込みの工夫は施せても、価値がゼロの素材からは何も引き出せない。オバマのように立候補以前からの「物語」があれば、どの引き出しにもスピーチや火消しの材料が転がっている。広報冥利《みょうり》に尽きるボスだ。トランプも類型は違うが、「反ワシントン」「反エリート」に説得力をもたせる「非政治家の実業家」という足跡はあった。同じ政治経済状況で同じ言説であっても、この「足跡」を欠いていればトランプ支持者も熱狂していないだろう。

トランプがほかの大統領と違うのは、監督から俳優までを兼ねる彼自身が、他に広報の必要性を感じていないことだ。ホワイトハウスの側近たちは、トランプの直感に基づくメディア戦略を恐る恐る横から眺めている。側近によれば、トランプのメディア対応には二つの危うさがある。トランプが過度に攻撃的かつ挑発的に政敵を小馬鹿にすること。そして、挑発行為において、越えてはならない倫理的な基準を大統領自身がもっておらず、それが政策実現に与えるマイナスのニュアンスにも鈍感なことだという。

二〇一六年大統領選挙では、トランプが身体障害者の記者の物真似をして共和党幹部を震え上がらせたことがあった。また二〇一七年には、ヴァージニア州シャーロッツビルで白人至上主義者に反対する団体に車が衝突して死者が出た事件で、「双方に責任がある」とヘイト行為の擁護と受け取られかねない発言をするなど、一定の周期で側近の心臓に負荷をかけている。

無論、コミュニケーションを大統領自身が掌握することのメリットが皆無なわけではない。アメリカの政治でよくある政策部門と広報部門の不毛な争いが、トランプ大統領のホワイトハウスにはあまりないという。いずれにせよ、トランプ流は歴史上きわめて稀な政治コミュニケーション戦略であり、元テレビタレントでもあるメディア人ゆえの芸当である。

第三章

言論――「パンディット」依存による政治の商品化

†FOXニュース・スパイ日記

二〇一三年、一冊の告白本にアメリカのメディアは騒然となった。『たこつぼ内の無神論者――アメリカ右派の中枢にいた、あるリベラルの八年』というタイトルの本だった。著者はジョー・ムトーという白人リベラル派のFOXニュースの報道スタッフだった。

アメリカでは大手メディアに職を得る前に、ローカルの社を転々として「中央」に転身するのが王道だが、近年はこれを回り道に感じる若手も増えている。中西部の大学を卒業したばかりのムトーも、ニューヨークですぐにテレビの仕事がしたいと考えた。ウェブ制作職で受けたはずのFOXニュースで、番組制作アシスタントとして採用され、とんとん拍子に看板番組「オーライリー・ファクター（The O'Reilly Factor）」専属スタッフに昇格していく。ただし、自分がリベラルだということをひた隠しにして――。

若手スタッフのムトーが目の当たりにしたのは、番組ごとにしのぎを削る視聴率競争、そして保守とリベラルのイデオロギーを「商品」として売る、アメリカのテレビ報道ビジネスの生々しさだった。私生活では無党派のアンカーも、ひとたびスタジオに入ると「保守」のスイッチが入る。まるで保守一座の電波劇団のようだ。

ムトーはこの実態をゴシップ系ブログ「ゴーカー」にペンネームで綴り始める。二〇一二年大統領選挙で共和党候補だったミット・ロムニーのインタビュー本番前のビデオなど、秘蔵のＶＴＲも流出させた。ＦＯＸニュース内部の告発者をめぐる社内の犯人探しの末、あえなく御用となり解雇され、会社に提訴されて社会奉仕活動の判決も下された。一連の顚末はスパイ小説まがいのスリルに満ちている。

興味深いのは、ＦＯＸが単なる保守チャンネルではなく、ニュース職人による報道機関であるというリアリティも描かれていることだ。ムトーの告白本には、往年のハリウッド大俳優のマーロン・ブロンドの訃報がロサンゼルスから入ったときのエピソードが出てくる。アメリカのテレビ局では、六〇歳以上の高齢の著名人の訃報は気の利いた逸話付きで事前に予定原稿として用意されている。これを用いてＡＰ通信の頭越しにＦＯＸが速報を打つシーンが描かれる。

「ＦＯＸニュース速報（アラート）です。伝説的俳優マーロン・ブランドが八〇歳で亡くなりました」

アンカーが原稿を読み上げると副調整室は拍手と歓喜で沸く。幹部スタッフが「みんな、よくやったぞ」と労《ねぎら》う。他局の画面に中指を突き立て「ファックオフ、ＣＮＮ、ＭＳＮＢＣ、出し抜いてやったぞ、お前らを！」と罵《のの》り言葉を叫ぶ者もいる。人が亡くなった報道であることを完全に忘れている。だが、三〇秒もしないうちにＣＮＮが速報を打つ。さらに一〇秒後にMSNBCが続いた。それでもFOXニュースのスタッフたちの高揚感は消えない。

「確かにFOXは速かった。だが、この空騒ぎは自分には馬鹿らしく感じられた。ただ、ひとつのことを除いて。それは人生で味わったことのない奇妙なほどに爽快な経験だったことだ」

他社を抜くことのえも言われぬ爽快感をめぐるムトーの感想は正直だ。セレブリティの訃報を僅か数十秒の差で伝えることに一喜一憂するのは滑稽である。だが、臨時ニュースが舞い込んだときの独特のアドレナリンは、その滑稽さをも麻痺《まひ》させる。現場でそれを経験した者は誰もが中毒になる。「ビルが爆発?」「飛行機がレーダーから消えた?」「ハリケーン上陸?」——その都度、祭りのような興奮状態の洪水になる。不謹慎なこの現場の空気感は、洋の東西を問わない。

FOXが通信社やCNNとニュースで競争している事実は、「共和党広報テレビ」の印象とは重ならないかもしれないが、先を越されたくない一心で「裏取り」に奔走する姿は他のテレビ局と変わらない「ニュース人間」の図だ。これは経営側が求める保守言論だけでは現場のモチベーションは維持できないことを示唆している。

一方でムトーが入社して驚いたのは、FOXニュースで本当に「保守」だと言えるのは経営トップと一部の著名アンカーだけで、しかもアンカーの中には、番組内でそう見せかけるのが上手なだけの「偽装保守」が多数いたことだ。上級プロデューサーは他社からの引き抜きが多く意外にリベラルで、叩き上げ派は出世のため局内で「保守アピール」に邁進していた。中堅以下の現場スタッフは雑多だが、保守が五割、無党派が三割、リベラルが二割だとムトーは明かしている。リベラルなマンハッタンのど真ん中で報道人材を集めるのに、保守派だけで固めることができるわけがない。

ムトーが記すFOXニュースの「女性アンカーの条件」が面白い。重要度順に、「ホット（女性として魅力的）であること」「単純な言葉遣いができること」「なるべく長くゲストの怒りを煽り続けられること」「ブロンドの髪」「政治的な保守性（あるいは保守を完全に演じきれればよい）」、そして最後に「ジャーナリストとしての信頼性」。ホットで金髪の女性であれば、「保守」は偽装でよいのだ。

†政治イデオロギーを放送商品に

FOXニュースを立ち上げたのは、トランプ政権誕生直後に他界したロジャー・エイルズというカリスマ性のある人物だった。ニクソン大統領のアドバイザーから一貫して、共和党のメディア戦略に携わってきた政治広報のプロだった。テレビ報道を手がけるためにジャーナリストの力が必要で、ＣＢＳのプロデューサーとして「ＣＢＳイブニング・ニュース」など数々の看板番組に携わったジョー・ペイロニンを引き抜いた。

ペイロニンが筆者に語ったところでは、ＦＯＸニュースの成功の鍵は二点あった。

第一に、ＦＯＸの番組は「ニュース」そのものではなく、「政治」を商品化したことだ。創業者のルパート・マードックは決して保守ではなかった。オーストラリア人のメディア王マードックがアメリカ進出を成功させる上で、アメリカの政治権力と手を結ぶ必要を感じて、共和党との関係を強化した。共和党のメディア戦略家のエイルズを雇ったのもそのためだ。社主が思想の拡散を目指していた活字メディアとはそこが違う。思想信条を「保守運動」ではなくビジネスと割り切ったのだ。そこはトランプの気質とも類似していた。伝統的な保守思想家と、ＦＯＸニュースが世に送りだした〝保守風ジャーナリスト〟の間には埋め難い溝がある。

「ニュース」ではなく「政治」を商品の主軸に据えたことは、番組への視聴習慣を根付かせる上で大切だった。「ＣＮＮの視聴者は平均七分しかチャンネルを合わせない」と言われるように、ニュースが主役であれば、毎日のように番組を最後まで視聴する必要はない。人の関心事は多種多様だからだ。政治言論に関心があれば最後まで見るかもしれないが、ニュースにしか関心がない視聴者は途中でテレビを消してしまう。そこでニュースではなく、番組自体に愛着をもたせる工夫が必要だった。

「保守的な視聴者にターゲットを絞ったことで、忠誠心の高い視聴者が生まれた。忠誠心の高い彼らは、(民主党の)オバマ大統領やペローシ下院議長やリード上院院内総務(当時)がいかに酷い連中であるかということを聞きたがる」とペイロニンは述べる。

FOXニュース成功の第二の秘訣は、アメリカ特有のトークラジオとの結合だった。それは徹底した予算節約の手段である。既に政治トークラジオで人気のある司会者にテレビ番組を持たせれば、そのリスナーも芋づる式に囲うことができた。のちにFOXニュースの「顔」となったビル・オーライリーもショーン・ハニティも、ラジオ番組で三〇〇〇万近くのリスナーを抱える人気者だった。

†政治トークラジオとは何か

トークラジオとは何か。DJがひとしきり独白した後、電話で参加するリスナーの「コールイン」の時間が設けられた番組だ。自動車に詳しい二人のDJに車の不具合を相談する「カートーク」という長寿番組から、悩み相談の自己啓発系、キリスト教系番組まで幅広い伝統がある。ここに、名前と地声を生放送にのせて意見を言うことを躊躇しない習慣が根付いていた。

このコールイン文化は、テレビの「デイタイムトークショー」にも通底するものだ。観客席の客がマイクを渡されて自説を語るテレビ番組は、「オプラ・ウィンフリー・ショー」などの主婦向け自己啓発系から、「ジェリー・スプリンガー・ショー」のような夫婦の浮気や差別主義者の暴言を垂れ流す低俗な「喧嘩番組」まで雑多に存在する。

規制緩和によって過激な政治言論が可能になり、一九九〇年代にトークラジオの政治版が湧き水のように溢れ出したのは、DJが素人のリスナーと喧嘩して論破しても構わない、こうしたアメリカ特有の空気感があったからだ。

一般のアメリカ人の雰囲気を知るには、地方のとりわけ保守的なラジオのコールインを聴くのが一番である。共和党支持者の地域別の雰囲気も、コールインを丹念に聴いているとわかる。筆者も、違う州に滞在するたびにローカルのトークラジオを録音していたことがあるが、ポッドキャストの出現で、今ではある程度メジャーな番組は日本でも聴けるようになった。二〇一七年、トランプ大統領が一時、不法移民保護措置（DACA）の延長に前向きな姿勢に転じたとき、「裏切られた」と叫ぶトランプ支持者の声が全米各地のコールインにこだました。その後、ホワイトハウスは強硬策に路線を戻している。

コールイン番組を成功させたラジオDJには三つの流派があった。一つは「王道インタビュアー系統」で、CNNでテレビ進出を成功させたラリー・キングがいる。二つは過激発言をいとわない「ショックジョックＤＪ」である。彼らは「表現の自由」の限界に挑戦する「反ポリティカル・コレクトネス」の話し手だ。アナキストのハワード・スターンは性表現に踏み込み、カウボーイハット姿のドン・アイマスは白人至上主義的な匂いを売りにしていた。しかし、アイマスは黒人差別的な発言でＣＢＳと契約を解除され、晩年は影が薄かった。ラジオの放送風景の「同時放送」をテレビに持ち込んだのも彼らだ。

そして三つ目が「政治系ＤＪ」である。保守系ＤＪとしてアメリカ史上、最も成功しているのがラッシュ・リンボーである。二〇二〇年にトランプ大統領に勲章を授けられ、保守派の殿堂入りを果たした。リンボーは自らも認めているように、学識が深いわけではない。「軍事問題はよくわからないから専門家に従う」と開き直るし、キリスト教信仰も浅い世俗派で、人工妊娠中絶の話題を苦手としている。生活感覚に根ざした「リベラル嫌悪」の罵詈雑言《ばりぞうごん》が特技だ。リンボー流の言論には特徴がある。争点の分析よりも相手陣営への揚げ足取り的な攻撃、論評よりも誹謗中傷に力を発揮する。

したがってリンボーのような保守系ＤＪは、敵である民主党政権時代のほうが勢いがある。リンボーがブレイクしたのもクリントン政権誕生時の一九九三年のことで、連日のクリントン叩きが人気を博した。リンボーの二冊のベストセラーはいずれもこの時期に刊行されたものだ。二〇〇六年には薬物不正取引で逮捕されて失速していたが、オバマ政権成

写真9　ラッシュ・リンボー

立で息を吹き返した。

コールインしてくるリスナーの話をまずはスタッフが聞き、採用された人だけがＤＪと会話できる。二割ほどは喧嘩を売りにくるリベラル派のリスナーをあえて選び弄《もてあそ》ぶが、残りは保守系リスナーの「素晴らしい番組です」という賛美の声をそろえる。

会話は概して浅薄なものである。たとえば、保守系ＤＪのジョン・ギブソンは、気候変動対策で槍玉にあがっていたアメリカ製大型車を擁護するキャンペーンを番組でしたことがある。「小型のハイブリッドカーは事故率が高い。空気を奇麗にする代わりに、交通事故で死者が増える」とトヨタ、ホンダを名指しで非難した。論理の飛躍もなんのその、一点突破の言論が受ける。そして、「子どもを事故に遭わせたくないので、小型車にはもう乗せません。ＳＵＶが安心ですね」という賛同コールインばかりを放送していた。

ＦＯＸはこうした政治トークラジオのファンがテレビ視聴に大移動したことで軌道に乗った、ラジオが土台のテレビ局だ。土着の保守系市民はかなりの程度まで、田舎のラジオ愛好者の中高年と重なる。しかし、ＤＪにはテレビに不向きなホストもいる。リンボーがＦＯＸニュースに参加せずラジオに残ったのは、いちど一九九〇年代にテレビ進出で大失敗しているからだ。

エイルズ自らがエグゼクティブ・プロデューサーを務め、リンボーに冠テレビ番組を持たせた。ＦＯＸニュースを立ち上げる前、別のチャンネルでである。だが、リンボーの弁《べん》舌《ぜつ》はテレビではまるで冴えなかった。童顔の巨漢男性を見たファンの多くが、それがリンボーだと気がつかなかったというのも、ネットで画像検索が普及していなかった時代らしい逸話だ。番組は打ち切られ、リンボーはそれ以後テレビを遠ざけた。

†放送界の「公的知識人」ウィリアム・バックリー

既にアメリカの放送界では死語になりかけている言葉に、「パブリック・インテレクチュアル（公的知識人）」という言葉がある。大学外で広く市井《しせい》に向けて思想を語る知識人のことだ。活字媒体が彼らの主な活躍の場であったが、放送にも公的知識人の活動の場がまるでなかったわけではない。非ネットワーク系の公共放送には、センセーショナリズムとは距離を置き、議題の分析を深める政治討論番組もかつては存在したからだ。

二〇世紀後半の保守主義運動を主導したウィリアム・F・バックリー二世が企画し、自ら司会を務めた「ファイアリング・ライン（Firing Line）」である。肯定否定に分かれて時間制限付きで争う公式の競技ディベートを取り入れた、放送史上類例がない「ディベート番組」であった。

保守系の知識人や政治家が多く出演したが、リベラルの視聴者にも広範囲に人気を得た。リベラル系のメディア監視団体代表デイビッド・ブロックは同番組を「理を通した骨太のディベートのためのシビル・フォーラム」と絶賛している。超党派で評価されるバックリーの番組には、どのような質的な違いがあったのか。

イェール大学在学中から大学のディベートチームで活動したバックリーは、エビデンスを速射砲のような早口でまくしたてるアメリカ式のディベートを嫌い、皮肉やユーモアなどのレトリックで勝負する英国式のディベートを好んだ。一九四九年のオックスフォード大学との交流試合でも、膨大な読書に支えられた豊富なボキャブラリーで相手を負かしている。イェール在学期はニューディール全盛の一九四〇年代だったが、その反動で一九五五年「ナショナル・レビュー」を創刊し、保守主義の統合に立ち上がる。同雑誌は反共主義から保守的な伝統主義まで、保守各派が融合するフォーラムになった。

一九六五年初頭、バックリーは政敵を論破するテレビ番組のアイデアを考案したが、当初は商業放送、公共放送ともに協力してくれるテレビ局が現れずに計画は頓挫《とんざ》した。転機はバックリーのニューヨーク市長選挙立候補によって訪れた。一九六四年にバックリーが支援していたゴールドウォーターが共和党予備選挙で敗北したことを受け、バックリー自身がその翌年、ニューヨーク市長選挙にニューヨーク州保守党として立候補したからである。

共和党穏健派候補のジョン・リンゼイ、民主党候補エイブラハム・ビームと争うも、バックリーは約一三%の得票で落選する。しかし、テレビ放送された候補者ディベートでのバックリーの弁舌の才に注目が集まったことで、WOR-TVがバックリーの番組企画に応じたのである。一九六六年四月、「ファイアリング・ライン」の放送が三週間の試験放送で始まった。WOR-TVは四都市に自前の局を持ち、それ以外の地域にも放送されていた。

初期フォーマットは六〇分の番組中、バックリーとゲスト一名がレフェリーのもとに論じる形式で、約四五分の議論の後、三人のパネル、ときには観客から質問を受けた。討論のトーンはバックリーの冒頭言で規定されたが、当時としては攻撃的で挑発的なものだった。

バックリーの知名度は急激に高まり、番組は放送開始三年目の一九六九年にエミー賞を受賞する。その二年後、「ファイアリング・ライン」はWOR－TVを離れ、公共放送PBS系のSCETV（サウスカロライナ教育テレビ）に移籍した。南部の局であり、公共放送では珍しく保守思想に理解があった。公共放送では視聴率に縛られずにすんだことで、一九七〇年代に番組は落ち着いた議論を展開する知的な方向に本格的に舵を切った。

司会者制を廃止し、三人のパネルは、一人の「イグザミナー」に置き換えられた。バックリーの弁舌も、相手を侮蔑する挑戦的姿勢や議論を遮るスタイルから、争点を多面的に掘り下げるものに変化した。法学者のアラン・ハーシュは、作家のクリストファー・ヒッチェンズの言葉を引いて、意味ある議論を行うには「十分な時間」「興味深い人々」「洗練された議論のルール」という三つの条件が必要だが、「ファイアリング・ライン」はその三つを兼ね備えていたと、成熟期の同番組を高く評価している。

†知識人の番組「ファイアリング・ライン」

「ファイアリング・ライン」には二つの大きな特徴があった。

第一に番組が政治運動のエンジンとなったこと、第二に知識人が出演する知識層視聴者を意識した番組だったことである。「ファイアリング・ライン」以前は、政治思想を扱うのは活字メディアに限定されており、放送を政治運動に活用するという発想はなかった。テレビは大衆向けのメディアであり、知識人が出演することは少なく、知識層を視聴者に想定することもなかったからだ。

番組が政治思想のエンジンとなった理由は、出演者をめぐる三つの特徴にあった。まず、通常はテレビに出ない知識人が出演していたことである。メディアに登場する「識者」という日本語があるが、この英訳が難しい。「知識人」と直訳するのは誤解を招く。「パンディット」と訳すのが意訳的には及第だが、属性には日米でずれもある。日本では大学教授はメディア用語としての「識者」の範疇だが、アメリカでは学術的な大学研究者は時事批評にあまり踏み込まない。政治学者がテレビに出演するのは稀で、政治解説は実務家やジャーナリストなどの「パンディット」が担う。

政権高官と大学教授の肩書きを行ったり来たりする専門家もワシントンや外交・安保分野にはいるが、それもシンクタンク系の政策研究者に限定される。選挙のメディア解説も、選挙コンサルタントに席巻されて久しい。そうした中でのバックリーの挑戦はアメリカでは違和感のあることだったのだ。

写真10　バックリー（左）とチョムスキー（右）

言語学者にして左派言論人のノーム・チョムスキー、国際政治の現実主義学派を作り上げたハンス・モーゲンソー、ニュージャーナリズムの旗手トム・ウルフなど、それまでテレビには縁のなかった知識層を出演者に迎え、思想をテレビで語ることが可能であることを示した。

次に、時代を象徴する活動家や運動のキーパーソンをイデオロギーにかかわらず迎えたことである。労働運動の思想的な指導者ソウル・アリンスキーは、コミュニティ・オーガナイジングの先駆者でオバマの間接的な師匠でもあるが、一九六七年に出演している。また、ブラック・ムスリムの潮流を論じた回では、モハメッド・アリを迎えた。リベラル派が多く出演したのは、番組開始当初は左派エスタブリッシュメントの論破を主な目的としていたこととも関係している。

放送三〇週を過ぎた頃、ビッグネームの左派論客の出演を確保するのが困難になり始め、番組はソフト路線へと修正されていくが、筋金入りのリベラル派も出演する番組として信頼を勝ち得た意義は大きかった。保守論客と穏健なリベラル論客しか出演しない番組にしていれば、後のＦＯＸニュースのように保守系視聴者にしか信頼されない運命を辿っていただろう。極左に近いリベラル派を積極的に招いた初期の意図には、左派攻撃の思惑が皆無ではなかったとはいえ、結果としてイデオロギーを超越した幅広い視聴者を引き込んだ。

そして、保守思想を保守政治家たちに言葉で語らせることで保守思想の一般化をはかった。この番組は保守政治家にとっての登竜門だった。レーガン大統領、ギングリッチ下院議長、ブッシュ父大統領、共和党重鎮議員のヘルムズ上院議員、ケンプ下院議員などの政治家のほか、カークパトリック国連大使、キッシンジャー国務長官など保守系の学者閣僚も、右記のような要職に就く前に積極的に出演していた。サッチャーなど外国の首脳も出演した。

歴史家のリー・エドワーズが「現代保守運動とレーガン政権の政策に対するバックリーによる最大の貢献の一つ」としているのは、レーガノミクスを支えた供給側重視のサプライサイド経済学の称揚だった。「ナショナル・レビュー」にサプライサイドのエコノミストのアラン・レイノルズらを執筆陣に抱え、ジョージ・ギルダー、アーサー・ラッファー、ロバート・バートレーらの保守系エコノミストや経済学者を、リベラル派経済学者のジョン・ケネス・ガルブレイスに対峙させるというのがバックリーの好んだ構図だった。ガルブレイスの頻繁な出演が、対立するサプライサイド経済への注目を余計に引き立てた。

他方、番組の特徴の二点目である知識人の番組であることへのこだわりは、番組の編成および構成をめぐる独自の方針に反映されていた。リベラルだけでなく保守にも「知識人」がいることを証明するために始めた番組であり、司会のバックリーは英国風訛りを強調して抽象的議論を好んだ。番組の冒頭に流れるテーマソングにも、東部名門大学アイビーリーグの佇まいを彷彿とさせるバロック音楽を用いた。FOXニュースやMSNBCになく、バックリーの番組にあったものは「知識人」という存在の肯定であった。

番組の三大テーマは「共産主義、資本主義、信仰」であり、冷戦を反映しながらも思想を扱う番組だった。バックリーはワシントンにおける政策と権力をめぐる争いからは距離を置き、ワシントン発の日曜午前の政治討論番組と異なるニューヨーク発の知識人の番組であることにプライドを感じていたのだ。プロデューサーもバックリーが「アカデミックな構成」に傾倒することを認めていた。

†ディベートと公共放送

知識人の番組としての顕著な特色は三点あった。まず、公式のディベート形式を取り入れていたことである。バックリーはイェール時代の大学ディベートをテレビで再現することを試みたのだ。彼は他の討論番組を「言葉のやり取り」と揶揄し、ディベートとは呼ばなかった。自らの番組を常に「ファイアリング・ライン・ディベート」と呼んで差異化した。

アカデミックな競技ディベートでは肯定側、否定側に分かれ、立論、反対尋問、反駁《はんばく》の順に時間制限付きで試合を行い、決められた自分の時間だけ順番に発言できる。無理に割り込むことは許されない。バックリーは割り込みなしで話せるフォーマットを常に重視した。「発言が細切れになってしまう番組はディベートとは言わない。それはただのやり取りである」と述べ、立論には最低一五分は必要だと主張した。「番組のイントロを一五分も聞いていられる視聴者はいない」「テレビでは困難」としてプロデューサーに短縮を要求されながらも、バックリーは一二分は必要だとして譲らなかった。

日本語で「討論番組」と書くと曖昧になってしまうが、「ファイアリング・ライン」は真の意味で厳密に「ディベート番組」と呼べる例外的存在だった。バックリー自身がディベーターであり、決して聞き役ではなかった。彼はこう振り返る。「番組が「インタビュー」と見なされたことはない。「オピニオンの交換」を意図していた」。公式のアカデミック・ディベートをテレビで番組として実現したのは、世界の放送史においても他に例を見ない。ディベートと異なるのはジャッジによる勝敗の審査がないことだけだった。イギリスのケンブリッジ・ユニオンとの共催ディベートも一二〇分企画で放送した。

複数でチームを組んで団体戦を行う際、バックリーも肯定か否定のディベーターとして立論を担当した。ディベートは自説の披露の場ではなく、チームで肯定、否定の声を揃えることが義務なので、各論賛成というケースバイケースの逸脱は許されなかった。自己宣伝だけを目的としたり、演説は得意でもディベートに自信のない著名人は出演を尻込みした。

次に、「ファイアリング・ライン」が非ネットワーク系での公共放送を基軸とした独自の番組流通システムを維持したことである。三大ネットワークや一九九〇年代以降に台頭する二四時間放送のケーブルニュースチャンネルとも関係を持たなかった。その独立性から、番組は保守・リベラルのイデオロギーを超越して知識層に好まれた。

「(バックリーの)運動の成長は、(保守)雑誌を大きくしただけでなく、基礎となる有権者層やパワーセンターを開拓した」と、ライバルのリベラル系政治誌「ネイション」の編集長がバックリーに弔辞のコメントを寄せているように、左派メディアからもバックリーは一目置かれていた。リベラル色が強いサンフランシスコの公共放送KQEDに同番組の放送用の収録テープが届かず放送が見送られた際、同局に番組を楽しみにしていた視聴者から一八〇本もの苦情電話が殺到している。

アメリカで放送される大統領ディベート番組は、共和党であればFOX、民主党ではCNNやMSNBCの主催に偏りがちだ。しかし、「ファイアリング・ライン」は共和党、民主党双方の大統領ディベートを開催した。地味な公共放送局に、共和党はもとより、民主党の大統領候補が勢揃いしたのは、政界でイデオロギー横断的に集めていた尊敬を端的に象徴する。リベラル偏向の烙印を押されていたネットワークでもなく、FOXニュースのような保守言論チャンネルでもない独立した局での放送でこそ、この姿勢を堅持できた。

†衛星中継技術の罠

そして最後に、放送における新しい試みを成功させながらも、放送技術の進歩に翻弄されない独自路線を守ったことである。ネットワークの日曜午前の討論番組は報道番組であり生放送される。「ファイアリング・ライン」は報道機関による報道番組ではないので、ライブ放送は大統領ディベートの回などに限られ、概ね事前収録であった。生放送のデメリットは時間管理に制作側の神経の大半が注がれ、放送事故を恐れるあまりかえって予定調和に陥りがちなことだ。「ファイアリング・ライン」は観客を入れる公開番組のスタイルを取り入れていたが、万が一放送できない暴言が出れば編集も可能だったため、一般の観客からの質問も受けるという当時としてはリスクのある行為に挑戦できた。

番組の成長過程は時代的に放送技術の進歩と重なるが、バックリーは過度な演出や新技術の導入には拒絶反応を示した。たとえば、バックリーはテレプロンプターを拒み、俯いてクリップボードの立論原稿をひたすら読み上げたり、カメラ横に用意したカンニングペーパーを不自然な目線で棒読みしたりすることも少なくなかった。

また、一九八〇年代以降に衛星中継が一般化してからも、中継討論を拒んだ。対照的だったのは一九八〇年に放送を開始したＡＢＣ「ナイトライン」である。これは三カ所からのゲストの同時出演を初めて実現するなど、中継技術の恩恵を最大限に活かした番組だった。イランアメリカ大使館人質事件特番のレギュラー化番組で、外交記者でもあるアンカーのテッド・コペルは国際問題を積極的に扱い、検事のような「尋問」でゲストを追いつめるのが時事問題好きの視聴者に受けた。

一九八四年の大統領選挙では、民主党の女性副大統領候補ジェラルディン・フェラーロ

写真11　テッド・コペル

が外交音痴で答えられないのを知りながら、難しい外交の質問をして大恥をかかせて失速させた。また、芸能ニュースを嫌うことで知られ、歌手のマドンナの出演時はボイコットして代理アンカーに相手をさせるなど、「硬派」として名声を高めた。

だが、コペルの成功にはあまり知られていない逸話がある。スタジオにゲストをめったに呼ばなかったのだ。ワシントン支局から放送していたのに、政治家のスタジオ出演の希望も聞き入れなかった。それには理由があった。

カメラを向いてイヤホンから聞こえる声だけを頼りに会話する形式は、アメリカの報道番組の日常光景になっている。しかし、遠隔のオンライン会議とは違い、ゲストにはアンカーの顔が見えない。最寄りのローカル局のスタジオにぽつんと座らされイヤホンを着けてレンズを見つめているだけだ。対立する論争相手のゲストの表情も見えない。

ところがアンカーだけにはモニターで全出演者が見えて

いる。コペルは「マエストロ（指揮者）」と呼ばれていた。ゲストたちの顔の動き、しぐさ、動揺を観察し、割り込み、制止、攻撃、出演者同士の対決の「キュー」を出していたからだ。檻のこちら側で見られていることを知らない向こう側をマジックミラーで盗み見ているような感じだ。ゲストはアンカーや副調整室のプロデューサーたちに、ボタンを押されて話し出すゼンマイ仕掛けのおもちゃのような存在だ。「割り込ませて」「次、一番」「びくついている二番の顔」と副調整室のプロデューサーとスイッチャーが連携するのを聞きながら、コペルは先に誘い込んで、砲撃し言葉に詰まらせる。

そのようにして、彼は何人もの政治家の面子を潰してきた。視聴者にはそれが爽快だった。ある種の見せ物である。電波リングに放たれた闘犬同士はお互いの顔すら見えない。衛星中継での尋問風のインタビューは、アンカーや制作陣とゲスト出演者に進行上の力関係において、あまりにアンフェアな非対称性があった。

コペルは事前勉強を入念にして知識をたくわえて完璧な理論武装をしたが、質問の台詞は準備せずアドリブを好んだ。それはコペルの力量が、モニターで瞬時にゲスト陣の表情を見ながら、割り込みや煽りを指揮する瞬間芸に収斂していたからだ。ある意味で彼は天性のテレビ人間だった。

初期にはアンカーがモニターと対話する風の演出もあったが（実際にはゲストが映る「モ

ニター」はクロマキー合成で、相手の顔をモニター越しに眺めている様子は〝演技〟だった）、やがて会話を横から撮るのではなく、視聴者に「見せる画柄《えがら》」を優先した演出が定着した。アンカーや出演者のアイコンタクトは常にテレビの前の視聴者に向けられた。

お互いが視聴者の方を向いたままで、二画面、四画面の小窓のなかでパクパク話す様子は、ビジュアル的には遠隔会議システムに似ているが、対話に参加しない何百万人もの受け身の観客に数人の対話を見せる方法としては、本来は不自然だった。

バックリーは、そんな「ナイトライン」のような演出を卑劣なやり方として否定した。ニューヨークのスタジオで面と向かって生身の人間と対話することに固執したのだ。ネットワークの派手なCGや、素早いテンポの番組に慣れた視聴者には退屈に見えたかもしれないが、バックリーは、ネットワークで強要される類いの演出の制約から解き放たれた治外法権的な放送空間で、自由に論題と出演者を決め、立論の下書きを書き、ゲストを尊重した対等な対話で議論を深めることを優先した。

しかし、そんな彼の反抗もむなしく、アメリカの地理の広大さも手伝い、スプリット二画面の中継出演が主流になっていった。

†争点別連合と熟議の場

フォーマルなディベート形式による保守・リベラルのイデオロギーを超越した番組制作は、支持政党を横断して賛否が割れる複雑な争点を深く論じるのにも役立った。たとえば貿易問題は象徴的であった。貿易問題を経済利益だけで論じない政治的含意への目配り、十分な発言時間の確保により、罵り合いに陥らない熟議が「ファイアリング・ライン」ディベートでは可能だった。

一九九七年一〇月一四日収録の「対中貿易は中断されるべきではない」という回では、肯定側にバックリー、キッシンジャー元国務長官、トレント・ロット上院議員(共和党)、実業家のジム・バークスデール、否定側に保守活動家ギャリー・バウアー、のちに「ハフィントンポスト」を創設するアリアナ・ハフィントン、元カリフォルニア州知事のジェリー・ブラウン(民主党)、ティム・ハッチンソン上院議員(共和党)を迎えた。肯定側は自由貿易主義者とリアリストの連合チームという共和党系で統一されていたが、否定側はキリスト教保守、人権主義者、保護貿易主義者、反共主義者などによる政党横断の連合体だった。

肯定側は、安全保障における危機には厳しく対処するとしながらも、冷戦期のソ連と比較すれば中国の脅威度は低いと主張した。立論を担当したバックリーは「中国が一九七二年にニクソンとキッシンジャーのおかげで専制国家からの脱皮を遂げた」として、自由貿易主義論を展開した。また、キッシンジャーは「貿易関係を閉ざしてしまえば、中国の攻撃的なナショナリズムという寝た子を起こす」として、国際社会で中国を孤立させるのは得策ではないというリアリスト特有の議論を披露した。

これに対して、否定側はまず立論を担当したバウアーが宗教保守の立場から「中国政府は第二子を妊娠するという罪を犯した女性に対して、人工妊娠中絶と不妊手術を受けさせている」「レーガンの遺産とアメリカ人の価値観に基づく外交政策を」と対中貿易の継続に反対する持論を展開した。また、否定側の反対尋問担当のハフィントンが、ロビイストとして対中貿易で多くの利益を得ているキッシンジャーの不純な動機を問い詰めた。

この回の集団式ディベートのように、争点別に政党横断的な出演者によるチーム編成が組まれることが「ファイアリング・ライン」では少なくなかった。それは長い放送時間を確保したフォーマルなディベート形式だからこそ実現できたことだ。知識人や政治家は過去、現在の政策の当事者であれば尚更だが、テレビで論破されて面子を失うことを恐れる。

だが、フォーマルなディベートでは自説を脇においてでも肯定、否定の役割に徹するルールだ。そうしたディベートという知的ゲームの場としたことで、発言内容についても、議論の優勢・劣勢についてもある種のエクスキューズを出演者に与えられた。キッシンジャーから現職上院議員までの大物出演者をつなぎ止め、踏み込んだ発言も引き出してきたバックリーなりの工夫の産物であったし、争点が多層的に組み込まれた複雑な論題を公開で熟議する建設的な方法でもあった。

†政治トーク番組の分化

「ファイアリング・ライン」の遺産はなにか。功罪の功から言えば、政治思想の伝播における活字と放送の相乗効果のフロンティアを築いたことだった。一九七〇年代から一九八〇年代にかけての地上波全盛期のテレビでレギュラー番組を持つことは、活字表現での影響力をも激増させる巨大な相乗効果を生んだ。テレビ先進国のアメリカらしい政治思想の拡散様式だったとも言える。

保守運動にとって最も大きかったのは、番組放送以前の一九六〇年時点では三万二〇〇〇部と足踏みをしていた「ナショナル・レビュー」誌が、一九九〇年までに一八万部に部数が急伸したことだった。つまり、アメリカ保守運動の歴史において知られざる影の立役者は「ファイアリング・ライン」であった。

一方、功罪の罪に比重があるのが、一九八〇年代以降の討論番組の増殖である。アメリカのテレビ黎明期の局幹部はトークショーの活性化に興味を示さなかった。彼らは、テレビ視聴者は言論戦を好まず、政治的な言論は広告主を遠ざけるだけだと考えていた。だから、CBSやNBCの伝統的な日曜朝の報道番組も厳密には「討論番組」ではなく「インタビュー番組」であり、言論には慎重だった。バックリーはその流れを変えたのである。

まず後継的な番組として登場したのが一九八二年放送開始の「マクラフリン・グループ(The McLaughlin Group)」だ。司会のジョン・マクラフリンは、ニクソン、フォード政権のスピーチライターを務めたほか、イエズス会の神父を二〇年間していた聖職者という異色の宗教保守であった。

この番組もまた、バックリーの番組と同様に一九八〇年代のレーガン政権時の保守台頭の恩恵を受けた。レーガン政権の共和党インサイド情報は正確で定評があったが、それ以外については的外れな論評も少なくなかった。保守派が司会を務めているからといって、バックリーとマクラフリンの番組を同種と片付けるのは適切ではない。マクラフリンは司会の役割を放棄してゲストを遮ったまま自分の主張を押し通し、パネリストには「イエスかノーか」と一問一答で答えを迫り、口ごもっていると「要するに何が言いたいのか」と怒鳴り付けた。批評家は同番組を「怒鳴りつけ、侮蔑し、絶えず割り込み、口汚く、カオスのような状態」と評した。

「マクラフリン・グループ」以降、同番組の出演者が中心となって、スピンオフ番組が多数誕生した。ロバート・ノヴァックは一九八八年にCNN「キャピタル・ギャング（Capital Gang）」のホストを務めたが、ゲストの政治家一人と四人のレギュラーのジャーナリストによる討論で、ジャーナリストと政治家の境界線を曖昧にさせた番組だった。CNN「クロスファイア（Crossfire）」でもレギュラー司会者の孤立主義者パトリック・ブキャナンが、ゲストを置き去りにして自説を繰り返した。

かくして政治トーク番組は四つの分類に枝分かれした。第一に「会話型」の番組で、伝統的なインタビュー系（NBC「ミート・ザ・プレス（Meet the Press）」、CBS「フェイス・ザ・ネーション（Face the Nation）」、ABC「ナイトライン」）と円卓討論系（ABC「ディス・ウイーク（This Week）」、FOX「FOXニュース・サンデー」、CNN「キャピトル・ギャング」）がある。第二に「ファイアリング・ライン」が開拓した「言論対決型」とされる類型で、「マクラフリン・グループ」、「クロスファイア」、MSNBC「ハードボール（Hardball）」などが代表的だ。

第三の類型はタブロイド的な要素が強い「娯楽型」で「ラリー・キング・ライブ」や、「ドナヒュー（The Phil Donahue Show）」などデイタイムトークショーもここに含まれる。第四が、後述する「党派的オピニオン型」で、FOXニュース「オーライリー・ファクター」、MSNBC「レイチェル・マドウ・ショー（The Rachel Maddow Show）」がある。

†「パンディット」とは何か

アメリカにはこうした番組に出演する「パンディット」と呼ばれる政治評論家がいる。政治学者のダン・ニンモーとジェームズ・コームズによれば、pundit は学者・知識人（scholar, learned man）を意味するサンスクリット語の pandita がヒンディー語の pandit となり、一九世紀初頭までに英語に入ってきた言葉だ。社会学者のリン・レテューカスによれば「公にオピニオンを発する人」のことであり、「メディアに招聘《しょうへい》されればパンディットになる」と定義されている。

「パンディット」も政治トーク番組の増殖に伴い多様化していった。かつては新聞および雑誌媒体を本籍とする活字コラムニストが主流だった。古くはリップマンに遡るが、ウィリアム・サファイア、ジョージ・ウィル、フレッド・バーンズ、エレノア・クリフト、グロリア・ボージャー、ロバート・ノヴァック他が挙げられるし、雑誌コラムニストとしてはバックリーもこの類型に合致した。

一九八〇年代から増え始めたのは放送記者である。すでに述べているように、アメリカではテレビ報道界の分業・専門の細分化が徹底している。ニュース番組にコメンテーターは出演しない。これが逆説的に、解説の需要を生んだ。ニュースでは私見を挟《さしはさ》めない政治記者が、討論番組で「パンディット」を兼ねる現象が増えたのだ。ブリット・ヒューム、サム・ドナルドソン、ボブ・シーファー、コーキー・ロバーツ、ウルフ・ブリッツアー、チャック・トッドなどの政治記者が、ワシントンの政界内輪話を語るようになった。

さらに二〇〇〇年代以降、政策専門家のシンクタンク研究員に加えて、政治スタッフ・政治コンサルタントの参入も著しくなった。大統領顧問として政権に出入りするコンサルタントは、公務員というより独立した「政治産業」自営業者であり、議会スタッフのように黒子に徹することもない。ビル・クリントン元側近のジェームズ・カービルとポール・べガラ、ブッシュ息子の元顧問のカール・ローブ、オバマの元顧問のデイビッド・アクセルロッド、トランプの元顧問のスティーブ・バノンなどはその代表例だ。

そして、より厳密に言えば、ジャーナリストと元政府スタッフの中間的存在もいる。元報道官やスピーチライターなど広報スタッフで、メディアに完全に転身した人だ。ジョージ・ステファノポロス、トニー・スノー、ウィリアム・クリストル、ティム・ラサート、ダイアン・ソーヤーのほか、イデオローグ的な政治言論人を含めるとニクソンのスピーチライターを経験しているマクラフリンとブキャナンもあてはまる。

しかし、パンディット依存のテレビジャーナリズムの倫理的な副作用はあまりに強かった。アメリカのテレビジャーナリズム「二度目の死」と言っても過言ではない。

†ジャーナリズムを汚染するテレビ時代の「パンディット」

政治トーク番組の濫造《らんぞう》の弊害は四つの点で起きた。

一つ目は、パンディットの活躍の場が増えたことで、細々と営まれていた政治言論という小さな市場がメジャー化し、ジャーナリストのセレブリティ化を招いたことだ。セレブリティ化はウォーターゲート事件以降にすでに顕著化していた。「シカゴ・トリビューン」の元記者でもあるアクセルロッドが言うように、ウォーターゲート事件は「最高権力者の不正行為もペン一つで暴ける民主主義の力」を証明したが、その一方で「権力者の首を取れば記者もセレブリティになれる」レールを築いてしまった。「ワシントン・ポスト」のボブ・ウッドワードとカール・バーンスタインの二名の英雄への揶揄だ。

また、大統領の影武者をテーマにした政治コメディ映画「デーヴ（Dave）」（一九九三年）以降、アメリカ映画にはアンカーやパンディットが「本人役」で出演することが増えた。「全米テレビで話題になるシーン」のリアリティには効果的な演出だが、ジャーナリストが嬉々として「本人役」で出演に応じてきたことを戒める声もある。芸能人でもないジャーナリストが「有名人の自分」を演じるのはナルシスト的でもあり、娯楽作品への安易な参加は報道人の信頼を傷つけるという内部からの批判だ。作品への賛否にも距離を置けなくなる。

トーク番組に出演するパンディットのセレブリティ化は、巨大な講演産業を潤わせた。元大統領や大統領夫人が桁違いの講演料で退任後も稼ぎ続けることがしばしば問題視される。にもかかわらず、あまり本質的な批判が見られないのは、ジャーナリストも同じ穴の狢《むじな》だからだ。

テレビ有名人の「パンディット」の講演料は一九八〇年代に急上昇を続けた。稼ぐことは自由だが、ジャーナリズムとしての倫理的な臨界点も見えてきた。レギュラーのパンディットが企業講演をし過ぎて、本業と倫理的矛盾を起こしはじめたのだ。もともと商業放送にはスポンサーのしがらみがあるが、ジャーナリストがこぞって政界、財界で講演を引き受け、その拡大に歯止めがかからなくなった。

他方、これは広報側にとっては新しい戦略になった。パンディットやアンカーを講演に招いて法外な講演料で接待すれば、こんな安上がりな火消し対策への保険はない。公共ラジオNPRのコーキー・ロバーツ記者のタバコ会社講演事件は有名だ。一九九五年、ABCはフィリップモリス社がタバコの中毒性を高める余分なニコチンを使用していた調査報道を展開し、それが訴訟対決に発展していた。その裏で同局番組でレギュラーを務めるロバーツは三万ドルでフィリップモリスの講演を引き受けていた。しかも、研修会ではなくフロリダ州パームビーチでの役員ゴルフ大会の余興だった。ロバーツは慌てて土壇場でキャンセルし斡旋《あっせん》業者に損害を与えた。

成功の代価として稼ぐ行為を封じ込めることに抵抗があるアメリカ社会では、この種の問題が相次いで浮上するまで、ジャーナリストも資本主義の一部なのだから、稼いで何が悪いという開き直りが強かった。一九八〇年代末、テッド・コペルは年収だけで六〇〇万ドルを得ていたが、講演も一回五万ドルにまで釣り上がった。

ジェームズ・ファローズがその著書『ブレイキング・ザ・ニュース』(一九九六年)で、実名で講演料を並べて批判したことで、ジャーナリストの講演活動が問題視されはじめた。コペルも批判を懸念して有料講演を引き受けないようになった。だが、講演単価を釣り上げるためにトーク番組で有名になる、レギュラー獲得のために二項対立の過激発言でプロデューサーを喜ばせる、分極化の増幅にパンディットが加担する、というワシントンの〝いつものサイクル〟には基本的に変化はない。

弊害の二つ目は、活字を中心にした言論の質が低下するという悪影響だ。テレビ出演に適応して「パンディット」に慣れた新聞や雑誌の記者は、有名人化して講演単価が上がったことで、本業の時間を削り出した。これはバックリーにもあてはまることで、一九六〇年代から八〇年代までに、バックリーは二〇冊以上の本を出版したが、ほとんどがコラムの編纂物か、軽めの娯楽的な文章だった。さらに活字人は自らをテレビ用に改変することを迫られる。テレビで活躍する「パンディット」になれるよう、新聞記者を指導するメディア・トレーニングのコンサルタントまで誕生し、記者たちは短く話す訓練を受けた。フアローズはこう記す。

「「クロスファイア」の収録中、プロデューサーはレギュラー陣にイヤホンで叫び続ける。「ヤツを止めろ！」「口をはさめ！」。これで激論ができあがる。しかし、人為的な二極対立と過激発言という文化はジャーナリズム全体に広がってしまう」

三つ目は、元政治スタッフとジャーナリストの境界の曖昧化だ。政治家は非公式広報役のパンディットを操って議題設定への介入を狙った。政治スタッフは巧妙に党派的な代弁者を務める。裏では元ボスの議員や政党に送り込まれてきていても、今は一介の評論家で「個人の意見」を述べているだけだと、市井《しせい》のコンサルタントというふりをする。政治的な誘導の尖兵であり、報道を歪めかねないが、内部情報やオフレコの逸話の引き出しが多い元政治スタッフのパンディット進出に、メディア側は抗えなかった。

パンディットに依存したの番組制作は、国際的にアメリカの放送がネットで見られる時代、またネットニュースなどで放送が抄訳され記事化されて伝えられる時代に、様々な問題を引き起こしている。誰も彼もが「CNNのコメンテーターの発言」と紹介される弊害だ。

しかし、よく見てみると共和党の戦略家がトランプを擁護し、民主党の戦略家がトランプを叩いているだけだったりする。アメリカ人であれば知っている両党の著名コンサルタントも、外国人にはわかりにくい。そもそも、誰が局員記者・アンカーで、誰が政党や政治家の代弁者の元政治スタッフで、どの人が右で左なのか外国人にはわからない。予定調和の党派ゲームと意外な爆弾発言の違いを理解できる国内の視聴者向けに、番組が作られているのだから当然ではある。

ハリウッド映画やドラマがこれだけ世界で消費されているのに、オレゴンやオハイオの映画館で消費されるように脚本が書かれているのと同じで、アメリカが国内向けにデザインしたものを、世界が「勝手に」消費する際に、こうしたことが問題になる。どこまで「超訳」をするかは紹介記事を書く者の責任で、読者の責任ではないのだが、この点で誤解を招きかねない海外報道の紹介がネットで増える傾向もある。

†パンディット依存特番の脆弱性

四つ目の弊害は、アメリカのテレビ局の自業自得なのだが、パンディットのコメントだけで構成する番組の脆弱性だ。その典型は選挙特番である。アメリカの選挙特番はきわめて単純な構成で、基本的には開票速報をパンディットの雑談で間を持たせながら伝えるだけの作りだ。

日本の選挙特番は、注目選挙区の密着ルポ、再現ドラマ、街の声のようなVTRでの掘り下げものに凝る。日本では選挙期間中、全候補を公平に扱う原則がある。選挙区の候補者が多すぎて平等原則が貫けないときは、タスキにモザイクをかけ、候補者の胴体から下だけの「お化け映像」で、特定候補の宣伝を極力避ける。そのため、溜め込んだネタは特番で一気に放出するが、アメリカでは当日も前日までの選挙報道の延長でしかない。

折衷的なのが台湾の選挙特番で、三次元CG、L字（画面のサイドと下にL字型に開票数と速報を埋め込む）、効果音など画面作りは日本に似ているが、構成はアメリカ式である。日本は党本部での現場仕切りで、党首や大物政治家が順に中継でキャスターやスタジオの出演者のインタビューを受けていくが、米台にはこの中継インタビューはない。政治家はあくまで全体向けの勝敗演説をするだけだ。米台式は単調な構成だが、どの演説の中継を優先して長く放送するか、出演者の人選で色を出す。アンカーやテレビ関係者の政党への支援表明も珍しくない。

†アイオワ州党員集会報道での醜態

アメリカ式には弱点がある。唯一のネタである開票結果が出ないと番組が破綻することだ。これが二〇二〇年の民主党のアイオワ州党員集会で起きた。党員集会の制度変更やデバイスの講習不足で、現場の集計に時間がかかり、開票結果がその日のうちに出なかったのだ。特番は「当確」のCG、パンディットは勝敗理由のコメントを用意していた。それを見事に台無しにされたのだ。新聞も翌朝の朝刊に結果が間に合わなかった。

直前のアイオワ地元紙の世論調査が質問の不手際で公開中止になったこともあり、誰が首位なのか皆目検討がつかず、メディアは右往左往した。当日夜のスタジオは材料枯渇のまま、「未だに結果が出ません」とアイオワ州民主党本部への不満を延々と放送し続けた。メディアは即時に開票結果が出やすい通常の投票方式を好む。党員集会はまどろっこしいし、ルール変更が複雑で、各州の党委員、地元紙記者、予備選専門の政治学者くらいしか正確に把握していないからだ。アメリカの大手メディアは地方政治に極度に弱い。

しかも、この夜、各局に出演したパンディットはアイオワ州党員集会に対する擁護派と批判派に割れていた。そのため開票結果が出ないなか、アイオワ州の党員集会に対する賛否を戦わせるという、民主党の候補者分析と関係ない内容に終始してしまった。

アイオワ擁護派は、過去に「アイオワ伝説」で勝利した候補、大統領の関係者だ。民主党ではカーター、オバマ。共和党の擁護派はアイオワでの勝利で大統領になれたブッシュ親子のほかキリスト教右派だ。アイオワ州は西部が福音派の大票田で勝算がある。たとえキリスト教右派の候補が大統領になれなくても、緒戦で善戦さえすれば、メディアで全米に人工妊娠中絶反対のメッセージを届けられる。だから福音派はアイオワが最初の州のままであって欲しい。彼らを票田にする他州の共和党保守派も、静かに党員集会方式を擁護する。福音派に足を向けて寝られないトランプはすかさず「自分が大統領でいる間は、アイオワとニューハンプシャーが現在の地位から動かされることはない」とした上で、アイオワ州党員集会のことを「素晴らしい伝統だ！」と擁護ツイートをしたほどだ。

アイオワ批判派は、アイオワのせいで苦労した候補や大統領関係者だ。民主党ではクリントン夫妻である。ビル・クリントンは一九九二年の党員集会で惨敗し、夫人のヒラリーも二〇〇八年にオバマに敗北。二〇一六年には辛勝したもののサンダース陣営に不正勝利となじられた。

最大の批判集団は他州とマイノリティである。アメリカ大統領選挙では、本選は全国一斉投票だが、予備選は州ごとに順送りで行われる。その一番目のステイタスを手離さないアイオワへの全州からの嫉妬は激しい。アイオワには黒人住民がほとんどいないので、黒人民主党幹部や評論家は叩く。ニューハンプシャーも一位の地位を狙って雪辱があるので叩く。カリフォルニア、テキサスなどの大票田も叩く。彼らがそれぞれの立場で賛否を語るだけだ。

二〇二〇年のCNNのアイオワ特番では、オバマの元顧問アクセルロッドと共和党サントラム元上院議員が擁護したが、彼らはいずれもアイオワで良い思いをしている。対するクリントン夫妻の親友のマコーリフ元ヴァージニア州知事、黒人評論家、黒人アンカーらがアイオワ批判を展開した。

これらひとつひとつを「CNNコメンテーターの発言」「CNNの報道では」として一般化することの危険性がわかっていただけるだろうか。報道番組の党派的パンディットは、CNNを代弁しているわけではない。党内ですら中道派、リベラル派の分断だけでなく、その内部でも経済、外交など争点ごとに割れ、州益、選挙区益、人種益、宗教益、民族益、ジェンダー益、産業益のせめぎ合いだ。メディアは「代理人」たちの利益発言のアウトプットの場でしかない。ジャーナリストを脇役にしたパンディットの過剰重用は、この傾向をますます加速させている。

写真12　トランプ政権の医療制度改革を代弁するビル・オーライリー

†オピニオン型報道ショーの勃興

ＦＯＸニュースで一九九六年から二〇一七年まで放送された人気番組「オーライリー・ファクター」の司会者、ビル・オーライリーはＦＯＸニュースに潜り込んでいた若手番組スタッフのジョン・ムトーに常にこう問いただしたという。

「で、このストーリーでは誰が悪漢なんだ？」

リベラルな知識人、政治家、ハリウッドのセレブリティ、誰でもよいが、こいつが悪者で、こいつが我々を苦しめている、と悪魔化しないといけない。他方で必要なのが正義の味方の英雄だ。保守的なカウボーイや保安官的存在であれば、地方政治家や活動家が英雄になり得る。しかし多くの場合、番組ではオーライリーが奉行の役目を買ってでた。保安官として悪漢をコメントやインタビューで追いつめて成敗するのだ。

これはアメリカだけに見られることではないが、人が争っている「二項対立」の図式がニュースでは期待される。住民と企業、抵抗勢力と改革派など、経済でも政治でも対立を単純化する。しかし、実際の社会や人間は複雑で立場も入り乱れている。抽象的な「権力」「市民」といった概念が、個人単位では錯綜するのと同じだ。消費者でもあり、親でもあり、女性でもあり、しかし共和党議員でもあり――どの断面をクローズアップするか、「弱者の記号」「強者の記号」の組み合わせ方ひとつでポジションの描き方はがらりと変わる。メディアは、社会や人の利害の多元性に目をつぶり、「部分」だけに焦点を絞ることで対立の構図を煽る。

オーライリーは思想には関心がなくスタッフのイデオロギーも問わなかったが、タブロイドショーの成功者として、視聴率の鉱脈への嗅覚は凄まじかった。彼は視聴者からのメールを真面目に読んでいた。スタッフにはオーライリーから、朝九時半に重要記事のクリップを送付するのが義務化されていたが、ネタの売り込みで彼を説得するには、「落とす恐怖心」を煽るのが効果的だったという。クリントン大統領の女性問題をすっぱ抜いて知名度を上げたゴシップサイト「ドラッジ・レポート」にはすぐに反応した。そのせいでスタッフ一同、一時間に一〇回もの高頻度で同サイトをチェックさせられた。

第一章で番組の方向性を決める複数の要素を説明したように、テレビ局は思いのほか一枚岩ではない。第一に、番組ごとの争いが激しい。これは世界共通のメカニズムだが、社の評価上昇よりも、他部門が沈むことが短期的には保身に繋がる。敵は他社や裏番組ではなく、同じビルの中にいる。オーライリーとＦＯＸのライバル番組司会のショーン・ハニティは、パンディットの取り合いなどでお互い妨害工作をしていると疑心暗鬼になり、アンカー同士、口もきかなかった。これは社の看板ではなく、個人商店で短期の勤務評定を受けるアメリカのメディア人全般に言えることで、同じ社の記事や番組を安易に褒めると「それは私の番組ではない」「あれは別の記者が書いた」「自分は全然面白いと思わない」と憮然とした表情になることが少なくない。

第二に、「争点ごとの保守分断」だ。二〇〇八年のリーマンショックの際、ブッシュ政権の公的資金注入に対し、財政保守派と保守系トークラジオは「小さな政府」の原則から猛反対した。これに反発したオーライリーは、公的資金の注入しか手はないとして、エイルズらＦＯＸ経営陣や保守派を敵に回して、放送でこう叫んだ。

「このバカどもが。彼らは皆さんを欺いている嘘つきだ。彼らは金持ちだ。葉巻を吸い自家用飛行機に乗っている。それで金融機関救済はダメだと言う。彼ら嘘つき右翼に気をつけろ。彼らは皆さんのことなど考えていない」

オーライリーはエリートよりも市井の視聴者を優先した。それはトランプ大統領同様にポピュリストとしては筋が通っていた。また、汚い手を使ってでも喧嘩には必勝を期した。中継の掛け合いでは、ブッキングするアソシエイト・プロデューサーが模擬インタビューを行う。オンエアの数時間前だ。だからオーライリーはゲストが何を話すかすべて事前に知り尽くしていたが、何も知らないいような顔をして対話に入った。反論も事前に準備済みなので絶対に負けない。ムトーは「ケーブルニュースはプロレスみたいなものだ」と言う。

†迷走と変節のリベラル系放送局MSNBC

一九九五年にNBCとマイクロソフトの協力で誕生したケーブルのニュース専門局MSNBC（翌年放送開始）は、開局から一〇年は鳴かず飛ばずの迷走期だった。視聴率が上昇したのはFOXのリベラル版としての評判が安定してからである。FOXニュースとMSNBCは、「政治」を商品化した商業主義としての原罪を共に抱えている。FOXだけを非難するのはフェアではない。偽善性が強いのはむしろMSNBCだ。

今でこそアメリカを代表する「リベラルメディア」のような顔をしているMSNBCだが、保守論客を厚遇するチャンネルとしてスタートした隠したい歴史がある。高齢層に強いCNNと差異化するために、MSNBCは若年層に狙いを絞った。しかも、二〇〇四年までMSNBCの報道局長は、マードックが所有する右派のタブロイド新聞「ニューヨーク・ポスト」の元編集者だったジェリー・ナックマンだった。ナックマンは扱うべきニュース項目、するべき質問を詳述した指令メモをプロデューサーとアンカーに送りつけて圧力をかけたが、メモには「ラッシュ・リンボーのように読め」と書かれていたことが匿名の元局員に暴露されている。

FOXニュースと同様に、低予算で視聴者を集める必要からトークラジオのDJに番組を持たせた。トークラジオのホストやリスナーは大半が保守派だった。リベラル知識層は興奮してラジオに意見を電話するようなことも少ない。ニューヨークなど一部の例外的にリベラルな都市には車を持たない人も多い。ラジオは車を運転しながら聴くものであり、広大な平原のハイウェイでの通勤とセットになっているのがアメリカの自動車文化だ。生涯、電車にもバスにも乗ることはない、ピックアップトラックで快走するテキサスやアイオワの土着の保守市民とラジオは、ライフスタイル的に実に相性がいい。

満員電車での通勤ラッシュはアメリカにはないが、遠距離の車通勤で片道一時間以上は珍しくない。毎日でなければ片道二時間ぐらいまでは日帰り感覚である。自分だけの空間を重視し、飛行機の密閉感を嫌う人は車を好む。筆者の友人でアリゾナ州とアイオワ州を行き来する単身赴任の弁護士がいるが、自動車で移動している。よくあれだけの距離を運転していて飽きないものだと思う。道中はラジオを聴くしかやることがない。「アメリカからテレビは消えてもラジオは残る」と言われているのも頷ける。都市圏でも意外に走行時間が長く、郊外拡散型のロサンゼルスの通勤はその典型だ。

MSNBCは保守派ラジオDJと共に彼らのファンを抱き込む努力をした。ローラ・イングラム、ジョン・ギブソン、ドン・アイマスなどの保守系ラジオDJ、保守派弁護士アン・コールターなどが、MSNBCの一九九〇年代末の看板パーソナリティだったことを教えると、リベラルなアメリカ人の若者は驚愕する。これらの名前は分極化した現在のアメリカでは、リベラル派であれば顔を背けたくなるほどの保守系言論人だからだ。さらにレーガン政権期の「イラン・コントラ事件」の議会証言で大統領を擁護し続けて名声を勝ち得た、愛国者軍人のオリーバー・ノースも番組を持っていた。

だが、〝トークラジオ風テレビ〟のコンセプトがFOXと類似し過ぎていた上に、FOXが保守に位置を定めたのに対してMSNBCは中途半端だった。危機感をもったMSNBCは「リベラル」視聴者だけに焦点を絞るマーケティング上の決定を行う。リベラル局として知られる今のMSNBCはこの左旋回以後、二〇〇〇年代半ばからの姿に過ぎない。節操のなさを知るリベラル派の活動家や議員は、本心ではMSNBCを軽蔑し、「デモクラシーNOW」などネットの本格左派チャンネルにしか出演しない。

写真13　トランプ大統領の納税問題をスクープとして報じるレイチェル・マドウ

しかも、MSNBCはプライムタイムを「ニューヨークタイムズ」社説のテレビ版に塗り替えると豪語しておきながら、その主役はジャーナリストではなく、元政治スタッフの「擬似ジャーナリスト化」の風潮を加速させたのである。これは元ビル・クリントン側近でABC「ディス・ウィーク」の司会に転身したステファノポロスの成功にあやかろうとして、カーター大統領の元スピーチライターで早口とベビーフェイスが受けていたクリス・マシューズを夕方の看板討論番組「ハードボール」の司会に起用したことに象徴されていた。

MSNBCは二〇〇八年、一〇年に一度の逸材を掘り当てる。あるレギュラー番組のピンチヒッターで試験的に起用した、ボーイッシュな若手白人女性レイチェル・マドウへの反響が凄まじかったのだ。マドウはレズビアンで女性のパートナーと暮らしていることを公言している。元空軍の父を持ち、安全保障に関しては必ずしもハト派ではない。オックスフォード大学で政治学博士号を取得し、ラジオDJとして話術を磨いた。一九七三年生まれの新世代リベラルDJは、都市部にいる若者から中年世代で働き盛りのリベラル層の人気を幅広く獲得した。歯切れのいい保守批判はリベラルへの救世主のようだった。

平日夜に毎晩放送される「レイチェル・マドウ・ショー」はエミー賞に何度も輝く名物番組だがニュースではない。政治に関連するテーマを選ぶが、共和党を攻撃できる争点を選び、それについてマドウが複数のエビデンスを示しながら、ウイットに富んだ批判を共和党や保守派に加えていく。中継で出演する民主党議員や活動家は全員が左派だが、彼らは主役ではなく、マドウの言論を輝かせる材料だ。

†メディア監視団体とシンクタンク

アメリカのメディアの分極化が凄まじいことを示す証拠として興味深いのは、メディアの監視をする団体がそもそも左右に分かれていることだ。リベラル派のメディアの監視を保守系団体が行い、保守系メディアをリベラル系のメディア監視団体が検証する。中立の団体ではない。メディア監視すら党派で行うのだ。いきおい監視メニューは党派を越えて存在するメディアの問題ではなく、言論の偏りばかりに集中する。メディア監視団体にも党派メディア複合体の一員として、相手陣営への攻撃が期待されている。

議会で報道官を支える仕事のひとつに、メディア監視団体の動向把握もあった。筆者は保守系団体「アキュレシー・イン・メディア」の「勉強会」に派遣されたことがある。「右派の組織をウォッチするのは面白いから」と上司のエルサミに放り込まれた。民主党の議員事務所から来ていたのは筆者だけで、共和党一色の中でクリントン政権寄りのメディアへの糾弾をして結束を誓い合う会合だった。場違いな筆者も「団結」するふりをするしかなかった。監視団体は「ジャーナリズムのため」と言うのだが、それもメディア倫理という角度を付けた「党派活動」でしかなかった。それから二〇年が経過してもこの構図は変わらない。

左右のメディアが相手側の偏向を批判することは、アメリカ以外にも遍在する現象だが、アメリカでは「メディア監視」は、党派的な批判精神を土台にするからこそ健全に機能すると素直に信じられている節《ふし》がある。保守系メディアが犯した問題を純粋にメディア倫理上の瑕疵《かし》として吟味するのは研究者だけで、ジャーナリズムはそれをイデオロギー的な検証でやりたがる。「保守だから倫理違反を犯すのだ」と言わんばかりだ。同じことは「リベラル偏向」という過去の主流メディアへのレッテルにも言える。どこまでがイデオロギー的な偏向に由来する問題で、どこまでがジャーナリズム共通の課題かが曖昧にされがちなのだ。それほどまでにイデオロギー対立が倫理すらも支配してしまっている。

また、シンクタンクがメディアの発信者になることもアメリカ的な現象として、パンディット政治を加速させた。シンクタンクのなかでもメディア戦略に注力してきたのは保守派のヘリテージ財団で、一九九〇年代末までに年間八〇〇万ドルをメディア活動に費やすほど力を入れてきた。ヘリテージ財団は、所属の研究員をパンディットとしてメディアに売り込む芸能事務所さながらの活動を本格化させた最初のシンクタンクでもある。二〇〇〇年代初頭には、週に四〇本は全米のメディアにヘリテージの報告書や研究員の引用が載るペースを確立した。彼らは保守系ラジオも効果的に用いた。全米のラジオDJをワシントンに招き特番のスタジオを提供した。ポール・ハーヴィーという伝統保守で知られる国民的なラジオDJの影のスポンサーも、実はヘリテージ財団だった。

†ファクトとオピニオンの分離という虚妄

「ジャーナリズムは死んでいる」と吐き捨てるリベラル派の議会補佐官がいる。ジャーナリズムの修士号を持つ議会歴四〇年のベテランだ。

「マドウはコメンテーターで、記者ではない。記者ではない人があいうショーをやるべきではない。彼女のイデオロギーには賛同するが、彼女はジャーナリストではない」

これはアメリカの左派ジャーナリズムのマドウへの偽らざる反感の最大公約数と一致する。だが、興味深いことに彼らも分極化には肯定的なのだ。「ファクト報道と混ぜなければ、オピニオンの左右分裂はあっていい」と言う。

しかし、そう簡単にファクトとオピニオンを分離できるのか。アメリカの新聞も社説（エディトリアル）と記事が分かれている。テレビでも同じことができないかとストレートニュース以外のオピニオン番組が乱立した。だが、社説ではない一般記事や、コラム、読者の投書にも、「選択」「見出し」の段階で編集権が潜む。読者は社説だけが言論で、それ以外は「色無し」と思いがちだが、どの「専門家」に依頼して、インタビューのどこを抜き取り、どういう見出しにするかで、さりげなく言論性を反映できる。「意見」という警戒感を読者に与えない分、むしろ社説以外で、記事や専門家や読者に「代弁」させるほうがサブリミナルな説得や誘導の力がある。活字メディアですら両者の峻別が難しいこうした問題を抱えているのに、テレビで可能なのか。

「電波コラムニスト」は実に中途半端な存在だ。ジャーナリストと認識しようとすると本人たちが慌てて「自分はジャーナリストではない」と抵抗し、ジャーナリズム倫理の責任は引き受けたがらない。マドウはケイティ・コリックのインタビューに対して次のように答えている。
コリック「自分をジャーナリストと思っている? それともコメンテーター?」
マドウ「責任回避に聞こえると思うが、自分はただのケーブルテレビの司会者（ホスト）だと思う。世の中に重要な情報をできるだけ多く伝えることに信念があるし、銀行の問題に対する私の意見があったとして、その意見の伝達に正確でありたい。視聴者と意見は合わなくていい」

マドウらオピニオン番組の司会者も番組中で臨時ニュースを読むことがある。その場で報道のアンカーには交代しない。大統領の顔のCGが左上に、上半身の「バストショット」で何やらニュースのチャンネルで政治のことを話している。外国人には「ニュースキャスター」にしか見えない。組織の経営の論理からは当然、顔が売れている人に露出してほしい。だからマドウたちは選挙特番のメインアンカーにまで進出するようになった。

こうした現象をニューヨーク市立大学ジャーナリズム大学院のジェイソン・サミュエルズ教授は次のように総括する。

「一般の視聴者には、彼らは〝ニュースを伝える人〟にしか見えない。「オピニオン」の提示と「ニュース」の違いをつけようとしないので、レイチェル・マドウの番組のことをオピニオンショーでニュースではないと誰も理解していない。しかも、厄介なことにオピニオンショーのほうがニュースよりも視聴率がいい。だから経営には旨みがある」

†華麗な復活劇、番組終了の明暗

NBC放送は、七カ月ほどで謹慎処分にしていたブライアン・ウィリアムズを復帰させる決断を下した。視聴者がNBCに幻滅した様子が見えなかったからだ。レスター・ホルトという黒人の週末アンカーに代役をさせてみたが視聴率は下がらなかった。アンカーは数年ごとの契約で、契約期間中は使わないと損でもある。そこでウィリアムズをMSNBCの二二時枠に戻した。さすがに元いた地上波の看板ニュースには戻せなかったが、禊《みそぎ》は済んだという判断だった。

他方で、ブッシュ息子大統領批判の報道に関して証拠不十分の疑義で窮地に陥ったCBSのダン・ラザーは、二〇〇六年に番組と局を追われている。クロンカイトの正統な後継者として、ケネディ暗殺やベトナム戦争報道で活躍した記者のあまりに寂しい末路が、クロンカイト時代の終わりを象徴した。

明暗を分けたラザーとウィリアムズの末路から言えるのは、放送ジャーナリズムの最大の問題が、政権に逆らうことを経営が避けたがるようになり、ジャーナリズム倫理を曲げるのは、それに比べれば致命的リスクではなくなったことだ。「ラザーが退路を絶たれたのは共和党に攻撃されたからだ。それを局がとにかく面倒がった」と元同局のスタッフは筆者に語る。ウィリアムズは党派とは無縁で、ただの「虚言」誤報だったので生き延びた。

一九九〇年代以降、知識人向けの番組とはほど遠い、イデオロギー色だけを前面に押し出した舌戦がますます討論番組の主軸になっていった。「ファイアリング・ライン」が保守思想の応援団でありながら、イデオロギー的な視野狭窄《しやきょうさく》に陥らずに幅広い争点を深める密度の高い議論を放送できたのは、知識人による知識人のための番組であることや、司会のバックリーがイデオロギー横断的な交友関係（つまり出演者予備軍）を持っていたことと無関係ではない。彼は保守やリベラルへの過剰偏重を戒めた。

法学者のハーシュは、デモクラシーのために望ましい番組は「より長時間、よりシリアス、より少ない出演者、より絞り込まれたイシューで、より広範囲のコメンテーターや視点を扱う」ものでなくてはならず、そのためにはネットワークを動かすか、潤沢な予算のある独立の公共放送を作るかの選択肢しかないと述べる。

「ファイアリング・ライン」のような番組は、視聴率は取れないかもしれないが、それでも見る人は必ずいるし、デモクラシーには役立つ。そして伝播していく」

しかし、この主張は、密度の濃いバックリー的な政治討論は公共放送でなければテレビでは放送が困難であるという悲観論でもある。日本やイギリスのような形式の大規模な公共放送を持たないアメリカで、視聴率が取れない政治思想を扱う番組を存続させていくのは難しくなっている。

一九八八年、レーガン政権の終焉と軌を一にして、バックリーの番組は三〇分放送に縮小された。その一〇年後の一九九九年末に一代限りで放送は終了する。三三年間、単独ホストによる同形態の政治番組としては史上最長記録を樹立した。「ファイアリング・ライン」はブッシュ息子政権もトランプ政権も経験していない。もし番組が続いていれば、あるいはバックリーがテレビでの後継者育成にもう少し関心を持っていれば、アメリカの論壇と放送ジャーナリズムは少し違った足取りを見せたかもしれない。少なくとも、保守論壇内において二〇〇〇年代以降に起きた「ネオコンの台頭」「FOXニュース一強」「反知性主義」にはブレーキがかかっただろう。しかし、バックリーに代わる「公的知識人」放送人はいまだ登場せず、真のディベート番組も失われたままだ。

そして二〇〇一年九月一一日、あの日の朝が迫りつつあった。

第四章 風刺——ジャーナリズムとしてのコメディ

†「リアリティテレビ」とは何か

「リアリティテレビ」というジャンルの番組がある。二〇〇四年から一〇年以上もの間、トランプは一般参加者がビジネスでの成功を目指して勝ち抜きに挑むＮＢＣ「アプレンティス（The Apprentice）」（二〇〇四〜一七年）という番組の主役を演じた。主役といっても本人役である。アプレンティスとは「見習い」という意味だ。トランプに課せられた難題をこなして優勝すれば、彼の会社でビジネスを任せてもらえるという「アメリカンドリーム」を賭けた設定である。

「アトランティック」誌記者のコーナー・フリーダースドーフが指摘するように、トランプの印象はこの番組の前後で大きく変わった。番組が大統領選挙の「ゼロ段階」になったとされる所以だ。それまでのトランプはただのエキセントリックな不動産王でしかなかった。二〇〇〇年にもトランプは政治的に大きく注目されていた。改革党という第三政党からの大統領選挙出馬を検討したからだ。彼はメディアを散々騒がせてから出馬を取りやめ、政治には本気ではないという悪評を強めていた（拙著『アメリカ政治の現場から』二〇〇一年）。

ただ当時、彼を共和党支持者だと認識していた人は少なく、民主党に献金する無党派の富豪と見られていた。「アプレンティス」にも民主党支持者や黒人挑戦者が参加し、番組でのトランプは差別発言とは縁遠いチャリティに熱心な紳士である。いつのまに右派の反移民主義者になったのかと〝共和党〟大統領への転身に驚く人は少なくない。大統領選挙は本選になれば二大政党マシーンが否応なしに動き、二択の消去法からも一定の勝算は生じる。しかし、共和党での指名獲得は、本戦勝利とは質的に違う重低音をともなうサプライズだった。

二〇〇〇年の出馬取り下げ騒ぎまでピエロのよう存在だったトランプが、二〇〇四年のこの番組では品行方正な威厳に満ちた経営者として描かれている。まったくの予備知識なしに番組だけを見れば、卓越した指導力を発揮してくれると感じて不思議はない。それほどの出来の番組だった。トランプを照らす照明の加減から編集まで、PRビデオのように細部が練られていた。

アメリカのリアリティテレビとは、一般市民が番組に出演するシリーズものだ。「リアル・ワールド（The Real World）」（一九九二〜二〇一七年）のような集団生活観察番組から、「シンプルライフ（The Simple Life）」（二〇〇三〜〇七年）のようなセレブリティが田舎の民家に泊まって恩返しをする番組まで類型は様々だ。ドキュメンタリーに似ているようで違う。どちらにも「演出」は存在する。だが、ドキュメンタリーへの作為は編集段階で施

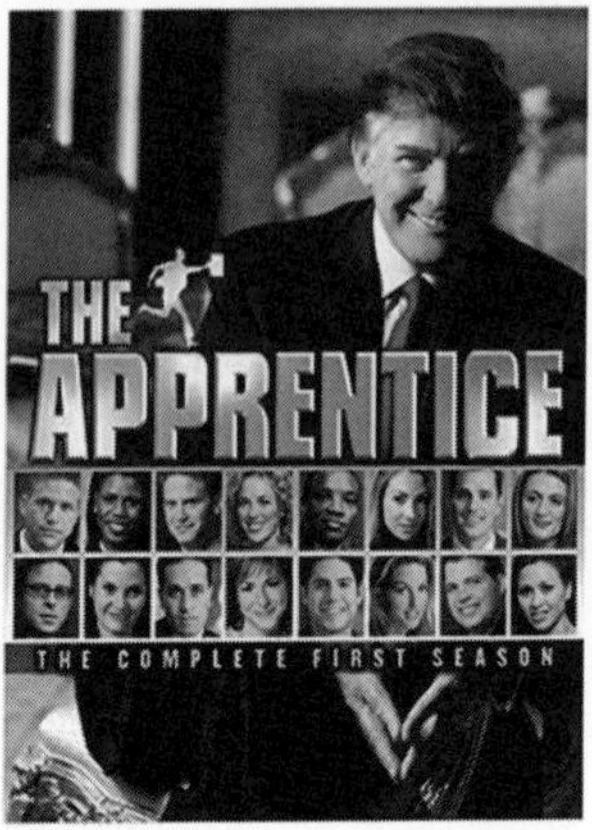

写真14　ドナルド・トランプ主演のリアリティテレビ「アプレンティス」

されるもので、被写体である取材対象にあれこれ刺激を与えて方向性を曲げることは許されない。ドキュメンタリーとて「現実」を「客観的」に伝えることは困難なのだが、少なくともリアリティテレビとの対比は鮮明である。

　リアリティテレビは、出演者の意思や発言を一定の方向に誘導する刺激を番組制作サイドが与える。そしてそれが倫理的に問題視されない番組ジャンルである。ここでいわゆる「やらせ」と称される演出行為の定義についての温度差の問題になる。もし原理的に制作側が一切の演出や筋書きの誘導をしてはいけないと考えると、リアリティテレビは成立しない。どこまでが演出なのか視聴者に注意喚起はされない。簡単に見極められないように作り上げているからだ。

「アプレンティス」には二十代から三十代の成功を夢見る若手が全米から集まるが、彼らは経歴や名前を偽装した俳優ではない。本物の一般市民である。だが、番組を盛り上げるためには類い稀な「個性」が要る。優れた実業家を発掘することではなく視聴率が目的だ。

番組のためのプロジェクトであり、何かの既存プロジェクトを取材するものではない。ここがドキュメンタリーとの違いである。番組が終わればプロジェクトは解散であり、カメラが回っていない間はプロジェクトも存在しない。これはあくまですべて「テレビ」なのだ。

†NBC放送「アプレンティス」

放送開始一年前からトランプは番組の制作に大きく関与した。彼は視聴率に極度にこだわった。視聴率を上げるためであれば、様々な提案を受け入れたという。

毎回の筋書きはこうだ。トランプタワーで合宿させられる男女十数人の挑戦者たちは、お題ごとにトランプと側近の重役二名が待つ役員室に呼び出される。挑戦者は二つのチームに分けられ、毎回違うビジネスの宿題を与えられる。とはいえ起業で成功を競うわけではない。スケールの小さい玉入れ競争的な「ゲーム」をするだけだ。

短時間で結果が出やすく、予算も手頃で、ロケ地ニューヨークを活かせる動態的な映像が撮れる課題限定である。売り上げを競う宿題が多いのはそのためだ。一〇〇〇ドルを元手に手頃な商品を仕入れて蚤の市で転売、画家を発掘して作品販売、マンハッタンを走り回る自転車タクシーの売り上げ競争、トランプの不動産物件の貸し出しなどイノベーションとはほど遠い他愛ない「ゲーム」である。

　そのままドキュメンタリー風に編集しても成立しないので二つの演出が施される。一つは人間関係だ。挑戦者の間にドラマを生ませるために制作サイドは仲違いをけしかける。チームの勝敗は売上高で決まる。敗北チーム側に脱落者が出るが、売上高では個人点が決まらない。そこでトランプの御前で「他人評価」をさせ、チーム敗北の元凶になった「足手まとい」の名指しを強いる。挑戦者が陪審を終えたあと、トランプが理由とともに決め台詞「クビだ（You are fired.）」を発して終了となる。まさに友情と裏切りのドラマである。途中、都合良くロマンスも発生する。

　もう一つは、アイデアの分散である。ゲームのお題は共通だが、展開が似てくると面白くない。自転車タクシーの回では、チームAはプリペイドカードを発案し、チームBは乗車席の背後を広告にする。視聴者は手に汗握る。もし、双方が同じことを思いついたら番組不成立である。使われないシーンも必然的に増えていく。

　挑戦者のひとりがのちに明かしたところによると、実際に脱落者を決めていたのは、トランプではなかった。NBCのプロデューサーと構成作家が決めるのだ。トランプはただ「本人役」を演じていただけだ。トランプが解雇を告げて経営哲学を語るシーンではプロンプターを使用していたという。なぜ我が強いトランプがそこまで唯々《いい》諾々《だくだく》とNBCの操り人形になったのか。番組がトランプの会社のビジネスと「無料広告」とを兼ねていたからだ。

「アプレンティス」の初期のスポンサーはクライスラーとVISAで、トランプは事業上の関係構築を望んでいた。会社所有の不動産の宣伝も毎回埋め込まれた。撮影は実物のトランプタワー内で行われたが、「役員会議室」セットを五階の未使用フロアに作った。今でもこの「偽の役員室」は記念に残されているという。ある勝利チームがご褒美でフロリダ州の別荘「マールアラーゴ」に招待され、施設内の装飾を解説する回もある。シーズン一の決勝戦は、トランプ主催のゴルフトーナメントとトランプ・カジノで開催されるショーをプロデュースする課題だった。そこではトランプのゴルフシーンも盛り込まれた。

†高視聴率の受益者としての野心的「市民」出演者

この手のリアリティテレビでは、視聴者の反響が大きかった挑戦者は敗北しても敗者復活的に再登場させる。また、アメリカ独特の慣習として、ジェンダーと人種のバランスがある。シーズン一でも女性と黒人は最終局面まで残る。早期に白人男性だけになってしまったら問題なのだ。操作の隙間がないと政治的な配慮もできなくなる。このように「リアリティ」を追求できないのは、地上波のポリティカル・コレクトネスの制約の裏返しでもある。

「演出」をすべて挑戦者が聞かされているわけではない。悔し泣きしたり、怒ったり、素のリアクションが欲しい。そのためには番組側はすべてを伝えない。報道の中継インタビューでのゲストの扱いと同じだ。素のリアクションを見せ物にするために、台詞はあえて与えない。自由に見えつつ、決まった箱のなかで転がされる。テレビ番組の「やらせ」論が、その基準をどこに据えるかを定義しておかないと堂々巡りになるのはそのためだ。台本があったのかと問えば、挑戦者側の台詞はない。だが、勝敗をどう決めてどのシーンを放送するかは番組の勝手だ。潔癖症的にテレビを捉えると、アメリカのリアリティテレビはほとんどすべて「やらせ」だということになってしまう。

そもそも番組参加者は平均的な市民ではない。仕事を休み撮影予定を優先し、プライバシーの切り売りの覚悟を決めている彼らは、テレビを踏み台に飛躍を狙う。番組とは運命共同体なので内情が漏れにくい。シーズン一の勝者は実際にシカゴのトランプタワーを管理する仕事を与えられ、トークショーの司会としても成功した。

興味深いのはある黒人女性の挑戦者だ。シーズン一では優勝は逃すも、何度もシリーズに復活した。トランプ・ファミリー化し、二〇一六年大統領選挙では陣営スタッフにも抜擢される。黒人票アウトリーチ統括として活躍し、政権入りまで果たした。ところが、その後は早々にトランプに反旗を翻し、大統領執務室内の盗聴を暴露して話題をふりまいた。民主党支持者だが、トランプの選挙陣営入り以降は共和党員で、現在はもう民主党に戻ったのだという。節操のなさはさすがリアリティテレビ人間だ。

†史上初のリアリティテレビ大統領

木曜日、東部時間二一時という好条件枠も手伝い、「アプレンティス」は商業的に大成功をおさめた。どれだけ人気だったかというと、シーズン一の最終回は四〇〇〇万人以上が視聴し、一八歳から四九歳の層では一七五〇万人を引きつけた。同シーズンにこの視聴数を上回ったのは、アカデミー賞の授賞式と離島生活リアリティテレビ「サバイバー」（スーパーボール直後の回限定）だけで、全米のテレビ放送で年度三位に輝いた。DVD販売もされており、それを含めると視聴者の裾野はさらに広い。

トランプはNBCに莫大な広告収入をもたらした。当時のNBCエンターテイメント社長ジェフ・ザッカーは同番組を「文化現象」とまで自画自賛した。トランプは恩人だ。ザッカーはその後CNN社長に転身し、二〇一六年大統領選挙以降はトランプ集中報道、政権発足後はトランプとの「抗争劇」で視聴率を稼いでいる。いうなればトランプとザッカーが手を結ぶ、NBCとCNNをまたにかけた一二年越しのトランプ劇場に、アメリカと世界を巻き込むことに成功してきた。

二〇一六年大統領選挙の指名争いの数カ月前、共和党支持層を対象にトランプ人気を「アプレンティス」視聴の有無別に調べた世論調査がある（二〇一五年九月ＡＭＧ調査）。共和党内でトランプへの好悪は割れていたが、「アプレンティス」を視聴していない層は好感三七％、嫌悪感三四％だったが、視聴層のあいだでは好感六二％、嫌悪感二七％で支持は圧倒的だった。本命視されていたブッシュ息子大統領の弟ジェブ・ブッシュが同番組の視聴層の間で特別に嫌われていたのもトランプには好都合だった。

オバマの元顧問アクセルロッドは、「アプレンティス」効果に早期に気がつき、「トランプの出馬は、彼のブランドと番組の視聴率の底上げのためだと思っていたが、数字を見るとどうもその逆にも見える」と述べ、「アプレンティス」現象でトランプが政治に本気になったと分析した。共和党予備選挙中の二〇一六年三月のことだった。

無論、トランプのコアな支持層である「ホワイトトラッシュ」「ヒルビリー」など様々な呼び方をされるラストベルトの労働者が、テレビ番組だけで一朝一夕に形成されたわけではない。「ホワイトトラッシュ」とは、貧困層に属する白人のことで、直訳すると「白い屑《くず》」すなわち「屑のような白人」という侮蔑的な比喩表現である。彼らは二大政党のどちらにも、経済階級としては透明な扱いを余儀なくされてきた。民主党側では労働組合、黒人、ヒスパニックなどに経済階級の分類は横断的に溶けてしまい、共和党側は「小さな政府」の理念が柱で、貧困層の救済は政府ではなく教会の役割だった。

経済的に富裕な少数の利益を代弁する、レーガニズムに象徴される保守ポピュリズムが一九八〇年代以降、経済的に質素な白人層の支持も得たのは、人工妊娠中絶や同性愛など文化争点が原因だった。冷戦期に共産圏、また冷戦終了後はテロリズムに象徴された対外的な脅威への防衛は、銃による個人単位での防衛心や移民への嫌悪感として表された。

二〇〇八年の金融危機で、公的資金注入に反発して生まれた財政保守の「ティーパーティー運動」も転換点となった。当初この運動は自由至上主義のリバタリアン運動だったが、二〇一〇年以降は文化保守的な反移民層が運動を乗っ取り、グローバリゼーションによる産業構造の変化に苦しめられる製造業系の白人労働者層も引き付けた。さらには自由貿易に反対する勢力も増え、TPP反対の拠点となっていく。

これらの政治的な文脈なしにはトランプ支持運動は生まれていない。しかし、「アプレンティス」が造り上げた偶像化がなければ、大統領への切符を渡すことに彼ら支持基盤も半信半疑だったかもしれない。どこまでがトランプの実像なのか視聴者（有権者）によくわからないまま二〇一六年を迎え、テレビに再びトランプが映った。すべての人が集会で本物のトランプと対話できるわけではない。「アプレンティス」のトランプと、ホワイトハウスのトランプは多くの視聴者にとって地続きのままなのだ。

映画やドラマはフィクションであり、俳優は架空の人物を演じる。レーガン大統領のときもシュワルツェネッガー元カリフォルニア州知事のときも、俳優と政治家の像は、有権者の意識上では切り分け可能だった。それに対してリアリティテレビは、現実の世界で「本人役」を演じる。この差は小さくない。芸能人政治家は今に始まったことではないが、リアリティテレビで「本人役」を演じていた大統領は初めてだ。トランプにとっては、会社経営も番組も政治も同じ「トランプ役」の劇場である。彼は番組を盛り上げる天才であり、次回の視聴率を高める秘策を練るのが好きだった。無定形に見える内政でも外交でも、一挙一動をその観点から逆算して見ると一貫性も浮き彫りになる。

逆に言うと、トランプにとっての政権運営は「番組」でもある。政治がトランプによってリアリティテレビ化されたとも言えるが、他方でテレビがそれを率先して造り上げてきたのも事実だ。メディアとコンサルタント中心の選挙への転換で、政治もだいぶ前から、リアリティテレビに親和性のあるものになっていた。

トランプが実在の会社を経営する「本人役」をテレビで演じることと、ジャーナリストが実在の報道番組でパンディットを務める「本人役」を映画で演じることは、視聴者目線からすれば大差がない。政治と仮想リアリティの映像娯楽の融解は、政治監視を担うはずのジャーナリストが「本人役」を興味本位で引き受け始めた一九九〇年代にはすでに始まっていた。そしてアメリカの有権者、いや視聴者はそれに慣れ過ぎた。第四五代アメリカ大統領は史上初の「リアリティテレビ大統領」であり、今後も第二、第三の同種の大統領が誕生しても不思議ではない。

†「リアリティ」とは何か

このように「リアリティテレビ」とはジャンル名そのものが皮肉に満ちている、ある種「リアリティ」風のものを再現するゲームである。しかし、「真実」を装う錯覚効果では、ドキュメンタリーのほうが逆説的に罪深い面がある。究極の「客観」は存在しない。カメラが回っている前で自然な振る舞いに努める行為は、すでに「自然」ではないからだ。テレビカメラが追い回すのは非日常である。「普通にしていて下さい」と言われても、ピンマイクを装着され、知らないスタッフに囲まれて「普通」にできるわけがない。

街頭インタビューであれ、被写体になれば演技的意識は避けられない。市民にも「本人役」をカメラの前で演じる意識が働く。完全にリアルを見せるには隠し撮りしかないが、巨悪を暴く大義名分がない限り、それは倫理的には許されない。海外ロケの常だが、一般的にテレビ慣れしていない住民の取材がスムーズに進むのは、撮影された自分がどこかで編集されて世界に流されることへの想像力が警戒心を強めるからだ。拡散への想像力の欠如の問題は、ソーシャルメディア時代になっても基本は変わっていない。リアリティテレビにせよドキュメンタリーにせよ、「番組」に登場する人は制作側の人間以外は基本的に「素材」でしかない。素材は編集対象であり、どう料理されても文句が言えない。

ドキュメンタリーでも何かしら「見せ所」「どんでん返し」の起伏は要る。そうでないと定点の防犯カメラをひたすら垂れ流すような映像になってしまう。しかし、「見せ場」は現実には偶然にしか発生しない。制限時間のある作品内で見事な起承転結があるほうが本来は不自然だが、「ハプニング」のひとつやふたつないと番組化できない。出来事のねつ造は倫理違反だが、膨大なテープの「編集」は構わない。そこでディレクターの「視点」「主張」が起動する。

一年密着でも、わずか六時間程度の取材でも、三〇分に凝縮することで、それは厳密な意味ではもはや「リアリティ」ではないかもしれない。「リアリティ」風を再現するプロジェクトに過ぎないリアリティテレビとの違いはあれど、「客観」と「作り物」という白か黒では切り分けられない。ドキュメンタリーも広義では「作り物」だからだ。

ならばいっそ「ドキュドラマ」で物語化するほうが偽善的ではない、との開き直りにも一理はある。「ドキュドラマ」とは、事実を参考にした脚本を俳優が演じる再現ドラマのことである。たしかに物語の映像化には、忘却されかけている歴史に注意を喚起する威力がある。

ただ、史実の再構成や脚色で作られるドキュドラマには批判もある。映像批評家のW・グッドマンは「ドキュドラマの基本的な偏向性は、本当の事を観ているのだと信じ込ませてしまうよう仕向ける面にある」と苦言を呈している。安易な物語の映像化は印象操作も生む。その弊害を跳ね返すエクスキューズになっているのが、アメリカにおける風刺としてのコメディの地位だ。たとえば、ブッシュ息子政権のチェイニー副大統領の人生を描いた映画「バイス(VICE)」(二〇一八年)も、マイケル・ムーア監督の一連の作品もアメリカではコメディ扱いである。「バイス」はイラク戦争までの道のりを振り返る硬派作品だが、ドキュメンタリーではない。

†サタデー・ナイト・ライブ

政治学者のメナズ・モーメンが述べるように、風刺の世界で起きた変化で重要だったのは、活字媒体からビジュアル媒体への変化だった。SNLの愛称で親しまれる「サタデー・ナイト・ライブ(Saturday Night Live)」が一九七五年にNBCで東部時間土曜二三時三〇分の深夜枠で放送開始されるまでは、風刺文化のかなりの部分がアンダーグラウンドな対抗文化だった。一九六〇年に栄えた対抗文化は、ニューエイジのヒッピー文化、黒人やエスニック集団の音楽、フェミニズムや同性愛文化とともに政治風刺も展開してきた。漫画誌「ＭＡＤ」の刺々《とげとげ》しい乾いたジョークや、「プレイボーイ」誌などのリベラルなヤッピー向け成人誌に載る記事や漫画もその系列にある。

ＳＮＬの前哨的なＮＢＣのコメディ番組「ローワンとマーティンのラフイン（Rowan & Martin's Laugh-In）」（一九六八〜七三年）に、一九六八年大統領選挙キャンペーン中のニクソンが出演したことがある。わずか五秒間、番組のキャッチフレーズ「かかってこい……って？（Sock it to me?）」と言うだけだ。堅物ニクソンがコメディに出て、決まり文句を理解できていない様子をわざと語尾上がりで表現した。威圧感なく柔らかい表情で撮るために六回も撮り直したという。ニクソンには、一九六〇年大統領選挙のディベートでケネディに完敗した苦い過去がある。ニクソンはラジオでは勝利していた。説得力ある弁舌は耳には心地よかった。だが、爽やかな表情で語るケネディに映像で負けたのだ。

わずか五秒間のコメディ出演は、番組の構成作家がニクソンのスピーチライターを務めたことがある共和党関係者だったことから持ち込まれた提案だった。テレビの重要性を痛感していた陣営はニクソンを説得した。ヒッピー世代の若者に人気があった同番組への出演は当たりだった。番組は公平に民主党のヒューバート・ハンフリー陣営にも出演を打診したが、ハンフリーは「選挙に有害」として断った。致命的な過ちだった。ニクソンは雪辱を晴らして大統領になった。コメディ番組と政治家の関係をめぐる転換点とされるエピソードである。

SNLへの政治家出演は二種類に分かれる。一つは番組の総合司会役、もう一つは喜劇役者としてのコント出演である。政治家のキャスティングは数週間前にオファーして概ね快諾されるという。しかし筋書きに異議申し立てできるのは、司会として招かれた場合だけだ。トランプは「アプレンティス」の宣伝で二〇〇四年、また共和党予備選キックオフ前の二〇一五年末、合わせて二回、司会を引き受けている。二〇一五年の独白中、「この人種差別主義者」という野次が観客席から飛ぶ〝ハプニング〟があった。無論、仕込まれた演出だ。バーニー・サンダース上院議員のパロディ役で知られるコメディアンが「トランプに野次ると五〇〇〇ドル貰えると聞いたので」と言い訳するジョークでトランプと掛け合いを演じた。

政治家の出演は月曜日に放送作家が司会候補に打診し、感触を探るという。水曜日の打ち合わせでネタについて出演者の意向をくみとる。ただ、コント出演の場合は、政治家でも台本のコントロールは一切できない。カンニングペーパーを読んでもらうだけだ。ハリウッドを中心にコメディの現場がテレプロンプターに置き換わる中で、SNLの制作チームは旧式のカンニングペーパーを愛好している。冒頭の独白、コント、振りなどすべての局面でペーパーを作成する。出演者はセリフを覚えてはいけない決まりなのだ。番組スタッフは語る。

「放送五秒前まで台詞が書き換わることがあるため、台詞を覚えると大変なことになる。一〇秒前の書き換えも過去にはあった。目線が多少ずれるが、目線の先に三から五セットのカンペが出ている。自分たちとしては自然に見えるよう最善を尽くしている」

台本をコントロールできないことは、政治家にはきわめて危険度の高い露出である。局の法務部も政治家とのもめ事に備えて訴訟対策はする。だが、本質的に政治家を番組で潰しかねないネタは避けるという。両党の政治家に満遍なく出演を快諾してもらうため、党派的な中立性にもＳＮＬは腐心してきた。しかしこれがＳＮＬの政治風刺の足かせにもなった。

†物真似パロディと映画「バイス」

ＳＮＬが大衆化させたのは人物風刺という、キャラクターをいじくるパロディ芸である。パロディ芸というのはわかりやすく言えば物真似芸である。物真似にはかなり高度な観察力と模倣力が要る。対象に誰もが「たしかにそうだ」と共感できる特徴を見つけ、それを本人に似ているように、しかも面白く誇張して演じられないといけない。
誰もが「たしかにそうだ」と思える部分を誇張するのだが、それが「ステレオタイプ」である。コメディと差別の問題が常に表裏一体として火種になるのは、多くの場合、笑いはステレオタイプを過度に誇張することで引き起こす作用でもあるからだ。たとえば、アジア人、ヒスパニック系、黒人に抱く印象というものがある。それを差別にならないように笑いに変換する手段として、それぞれの人種のコメディアンが率先して自虐的にそれを演じる手法がある。

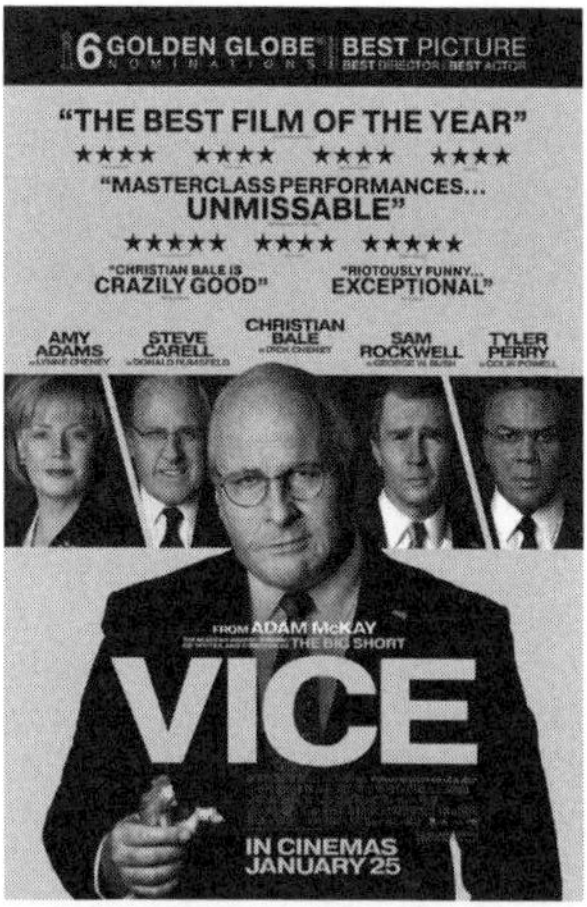

写真15　映画「バイス」

SNL出身のエディ・マーフィの誇張芸は、白人社会が黒人に対して抱くステレオタイプを逆手にとったものだ。白人が黒人を演じることもあるが、顔に黒塗りをしないままで十分に似ていると思わせる特徴の捉え方に長《た》けたコメディアンが多い。アジア系コメディアンも、アジア系へのステレオタイプを自虐的に誇張する。「マッドTV！（MADtv!）」で活躍した韓国系コメディアンのボビー・リーは、アジア系独特の訛りを誇張し、寸劇中の白人アメリカ人とアジア人の相互誤解をコミカルに演じた。アンカーウーマンのコニー・チャンに扮する女装芸は、コメディでなければアジア人、女性、LGBT、ジャーナリズムのすべてを逆なでしそうなのだが、本物以上の人気を博し、アジア系コメディアンの地位向上に貢献した。

ステレオタイプが共有できればよいので、物真似の対象が実在の人物である必要はない。マイク・マイヤーズが「007」のパロディ映画「オースティン・パワーズ（Austin Powers）」（一九九七年）で演じた「ドクター・イービル」は架空の独裁者である。そこから特定の実在の権威主義体制の指導者を想像するのは鑑賞者の勝手というわけだ。

一九九〇年代以降、政治家もパロディの主要な対象として定着した。一九九二年の大統領選挙で第三候補だった実業家ロス・ペローの個性的な声とキャラクター、ブッシュ父政権の副大統領だったダン・クエールの英語力（綴りをよく間違えた）、ブッシュ息子大統領の知能などが次々とパロディの対象になっていった。

このSNL風の物真似パロディと政治ドキュドラマを掛け合わせた映画が「バイス」である。ドキュメンタリー風の真面目な作品に見えるかもしれないが、実在の政治家をそっくり俳優が演じること自体が風刺でありコメディである。シリアスなドラマではやってはならない大どんでん返しの仕掛けも用意されている。また、コメディにすることで現存の元副大統領を扱う権力批判のエクスキューズ効果もある。

映画はチェイニーが副大統領を引き受けたことで世界が変わったことを強調する。あの八年は実は「チェイニー政権」だったのだと。副大統領は一般的には閑職だが、チェイニーは外交安全保障において大統領を凌ぐ権限を手に入れた。チェイニーはのちの国防長官ラムズフェルドの助けでニクソン政権入りする。チェイニーにはイデオロギーがない。政党に無関心なまま共和党を適当に選ぶシーンがある。民主主義を拡張するネオコン的信念もない。この節操のなさを映画では誇張して笑い飛ばす。

物語の鍵はチェイニーの持病の心臓に加え、チェイニーにレズビアンの娘がいる実話だ。キリスト教保守を地盤にする共和党ではLGBTは容認できない。だから、オバマ政権は同性婚への超党派支持をチェイニーの娘に触れて訴えた。チェイニーは娘の同性愛を受け入れたが、イラク戦争への責任回避への計算とも批判された。元副大統領夫妻が背負う十字架や、権力という魔物に取り憑かれた人間の性《さが》をコメディで描ききっている。正攻法のドキュメンタリーでは臆測に踏み込めば訴訟沙汰だが、コメディとなると政治家の提訴も大人気なく映る。

†マイケル・ムーアの報道特集番組パロディ

マイケル・ムーアの作品は、旬の政治争点を扱うリベラルな政治映画である。だが、ムーア作品は中立を旨とした日本的な意味でのドキュメンタリーではない。また、アカデミー賞を受賞しているが、彼は映画監督でもない。アメリカの知識層のあいだでは「コメディアン」として親しまれる、シニカルなジョークを散りばめたリベラル派の映像言論人だ。マイケル・ムーア流のコメディを理解する前提になるのが、街にいる「悪人」に突撃し、執拗に追い回す、アメリカの「ニュースマガジン」という形態の報道特集番組である。ムーアがやっている映像表現は基本的に「ニュースマガジン」と同じだからだ。

自動車会社GMの会長を追及して格差問題を訴えた映画「ロジャー&ミー（Roger & Me)」（一九八九年）の成功後、拠点をテレビに移したムーアは、フェイクニュースマガジン番組「TVネーション（TV Nation)」（一九九四年）、「酷い真実（The Awful Truth)」（一九九九年）を手がけた。架空の報道特集番組というフォーマットで渦中の人を茶化すものだ。これは放送界で神格化されていた「60ミニッツ」を笑いものにする大胆不敵な企画であった。

ムーアの元ネタであるCBS「60ミニッツ」とは、一五分の特集を三本詰め込んだ特集番組である。一九六八年放送開始の国民的な長寿番組だ。アメリカの旗艦《きかん》ニュース番組が三〇分と短いのは、解説、特集、天気予報、スポーツなどを除外して構成されているからで、特集だけを集めた番組への需要が潜在的にあった。「ライフ」誌など写真報道誌のテレビ版を意識して「ニュースマガジン」と称され、CBS「48アワーズ」、NBC「デイトライン」、ABC「20／20」など類似番組を派生させた。

コペル引退後のABC「ナイトライン」も「ニュースマガジン」になってしまった。生放送のインタビュー番組はアンカーにスター性と技量の双方がないと成立しない。コペル並みの人物が現れず、ABCは「ニュースマガジン」に衣替えした。金食い虫の報道にあって、利益を出せる番組形態なのだ。

だが、毀《き》誉《よう》褒《ほう》貶《へん》が激しいジャンルでもある。功罪の「功」から見れば、一時間という放送時間と高視聴率に支えられた潤沢な予算があるため、視聴率を取りにくい硬派なテーマも扱いやすい。国際政治はそのひとつだ。「60ミニッツ」が冷戦終結直後に国連の広報予算の無駄遣いを取りあげたことがあるが、国連分担金を出し渋る保守派ではないリベラルなCBSの報道だけに、信憑性はあった。

ABC「20／20」は、アパルトヘイト問題を継続的に掘り下げた。また、ヨルダン川西岸地区取材でパレスチナ問題を扱った回は、イスラエル側の抗議でお蔵入り寸前だったことを元スタッフが明かしている。イスラエル側の取材拒否の中、片方だけの言い分での放送強行は賛否両論も招いた。イラク戦争でのアブグレイブ刑務所の捕虜虐待をスクープしたのは「60ミニッツⅡ」だった。

他方で芸能ネタも頻繁に盛り込む硬軟折衷である。視聴率というものは、実は毎回取る必要はない。「ニュースマガジン」とは別種だが、日本の「ガイアの夜明け」でも「カンブリア宮殿」でも特集系の視聴率はテーマによって濃淡がある。メリハリで上層部やスポンサーを納得させるのが名プロデューサーで、経済ニュースで言えば、流通、飲食は視聴率が取りやすく、翌週にさりげなく医療や災害ものも差し込みやすくなる。商業的に成功することで、商業主義に縛られない自由を得る逆説性だ。テーマを持つ硬派ディレクターほど、平時では自由確保のために俗的なネタにも迎合する。ただ、問題はその比重である。

†アンカーが「取材記者」を演じる「60ミニッツ」

アメリカの「ニュースマガジン」の功罪の「罪」は、ニュースの「時代劇化」である。「60ミニッツ」は毎回三人のアンカーが悪者を懲らしめるという単純明快な構成だ。本来、主役は取材相手と現場映像である。しかし、「60ミニッツ」ではニュースの主役が記者なのだ。記者が取材して何かを追いつめる姿をドラマ仕立てにする手法を確立した。ジェームズ・ファローズはこう指摘する。

「「60ミニッツ」などの報道番組の現場取材は、視聴者の前には決して登場しないプロデューサーや調査・取材軍団によっておこなわれる。彼らは新聞記事を手がかりに情報を集め、小さな街で二週間ものあいだ、放送用インタビューのための取材源を探る。準備万端をととのえたところでようやくスターがやってきて、カメラの前でインタビューをはじめる。視聴者は、彼らがいかにもジャーナリストらしくインタビューしているので、てっきり初めから取材しているものと思ってしまう。しかし彼らはたいていその前日か二日前にやってきて、撮影が終わるとすぐにつぎの現場に飛んでいくのである。なぜこれが問題なのか？　それは記者の基本的な活動は取材だからだ。（中略）スター・ジャーナリストたちは、真の探究者ではなく、むしろ役者だ」

写真16　「60ミニッツ」の記者を芸能人のように扱う米ゴシップ誌「ピープル」の表紙（1979年）

また、ファローズによれば、メディア史に精通したデイビッド・ハルバースタムも「60ミニッツ」

について、「取材の邪魔者が必ず登場するような小さな犯罪を取りあげる」「一五分間の放送が終わると、その後一〇年間その話題は見捨てられる」「極めて巧妙にまとめ上げられているが、それはつねに報道というより娯楽であるように私には思えた」と辛辣な評価を下していた。

アメリカの「アンカーは記者でなければならない」という原則が、皮肉にも「60ミニッツ」では弊害を生みだした。有名俳優がいまさら記者を偽装できないが、記者が俳優的な行為をしても気付かれない。記者をそのままスターにしてしまえばいいというのが初代プロデューサーのドン・ヒューイットの発想の転換だった。

結局、特定のスケープゴートを叩くことに終始する構成だけは四〇年間不変だ。マイケル・ムーアに言わせればこの「60ミニッツ」の勧善懲悪主義は、社会の害悪の単純化を促進し、構造的病理から人々の目をそらさせる副作用があるというのだ。銃社会、人種問題、格差、医療保険など彼はどのテーマでも個別の「悪者」を超えた原因を探求する。ムーア曰く、「問題を起こした医者だけを追及しても問題はなにも解決しない」。

また、「ニュースマガジン」は扇情主義の温床にもなった。一九七〇年代の番組黎明期から放送批評家は「60ミニッツ」が「隠しマイクとカメラ」「相手を悪く見せるための選択的編集」「無防備な相手を追いつめる突撃インタビュー演出」の点から有害報道だと指摘してきた。一九九二年、NBC「デイトライン」はGM車の爆発危険性の報道における不適切な演出で謝罪に追い込まれている。「デイトライン」の性犯罪おとり捜査密着シリーズも問題視された。警察がチャットで十代の女の子のふりをして男性を誘い込んで逮捕する企画だ。「家」には警察ではなく記者とカメラが待ち構えている。突然のテレビの登場に錯乱する容疑者を見世物にする悪趣味に批判も巻き起こった。

だが、高視聴率は低評価を無音にさせてしまう。年間数千万ドルを稼ぐドル箱の「60ミニッツ」もそうであるが、高視聴率は「お客さんが望んでいる」という錦《にしき》の御旗《みはた》になる。

†「ニュースマガジン」風刺

勧善懲悪でメディアの権力を振りかざし、そのくせ視聴率を優先する扇情主義の「ニュースマガジン」を茶化してきたのがマイケル・ムーアだ。彼の「ジャーナリストごっこ」の芸風は、元ネタの「ニュースマガジン」の風刺なのだとわかると二倍楽しめる。

「酷い真実（The Awful Truth）」からいくつか面白い回を紹介しよう。一つはＬＧＢＴの人権を扱った回だ。二〇人ほどのＬＧＢＴが、ムーアが運転するピンクのキャンピングカーに乗車し、同性愛性交を非合法にしている州を順に荒らし、行く先々で挑発行為を繰り返す。非合法州のミズーリ、アーカンソー、オクラホマ三州の州境では全裸になって州境碑の上で抱き合う。ＬＧＢＴへの誤解を助長しかねない過剰演出だ。

「60ミニッツ」でいう「今週の悪代官」は、反同性愛教会を創設した牧師だ。拙著『見えないアメリカ』でも取りあげたカンザス州のウエストボロ・バプティスト教会である。ムーアが牧師を偽の取材でおびき出したところに、ＬＧＢＴのキャンピングカーが乗り付けて騒ぎ立てる。同性愛を病気と断定していたミシシッピ州選出の共和党重鎮議員の私邸に突撃し、家の前でパフォーマンスでとして行為に及ぶ。反同性愛教会のデモで参加者と対峙して、デモ撤収に追い込む。デモの参加者に容赦なくカメラを向け、顔に一切モザイクをかけない。

もう一つは核軍拡の問題を取りあげた回である。一九九八年にパキスタンが核実験を行い、インド・パキスタンの緊張が高まっていた時期だ。ムーアは両国の駐米大使にインタビューを行うのだが、彼らがこの回の「悪代官」だ。例によってコメディだと明かさないで取材依頼をしているのだろう。核所有国として核クラブに入るのなら、その覚悟はあるかと問いたいムーアは、核戦争への心の準備が要ることを悪ふざけで説明していく。

インド系、パキスタン系の住民を一つの部屋に集めて、一九六〇年代に放映されていた「かがんで隠れる（Duck and Cover）」というアニメの教育ビデオを放映する。避難訓練をしたりガスマスク着装をさせ、サバイバル専門家が核シェルター生活の指導も行う。「外に生存者がいたら殺せ」という過激レクチャーに、両国系市民の参加者は大真面目に聞き入る。

外国大使館をダシに悪ふざけが度を越しているように見えるかもしれない。だが、核戦争を机の下で身を守れるようなものとして教育していた冷戦期のアメリカを自虐的に扱うことで、印パの核軍拡の時代錯誤性を痛烈に批判している。両国を逆なでせずに反核軍拡を笑いで伝える高等な風刺の力だった。

†愛国一色化と戦争報道

二〇〇〇年の大統領選挙の勝敗「誤報」により信頼が失墜した報道機関に追い討ちをかけたのが、九・一一だった。アメリカの放送ジャーナリズム「三回目の死」の引き金である。批判精神の弱体化は、九・一一がアメリカ人に凄まじいショックを与えたことで正当化された。アメリカはそれまで歴史上、本土攻撃を受けたことがなかった。ハワイの軍港への攻撃や内戦は経験してきたが、不意の攻撃で大量の民間人が犠牲になった九・一一はアメリカ国民に凄まじい恐怖感を与えた。愛国一色に染まることにメディアが加担し、一路イラク戦争に突き進んでいった。党派的代弁者のパンディットも軌道修正には無力だった。

ベトナム戦争当時、報道には時差があった。まだフィルムだった映像素材は日本経由など時間差でニューヨークに届けられた。現場から「中継」できないジャーナリズムは、速報ではない部分で勝負しなければならなかった。それだけにライターで村に放火する海兵隊の姿を一九六五年に放送したCBSの「ジッポー・ライター報道」など、ベトナム戦争でメディアが報じた戦場の凄惨さは反戦世論を喚起した。

アメリカ政府はベトナムでの失敗に学び、湾岸戦争では戦場にメディアを立ち入らせなかった。米軍による記者向けの状況説明と映像提供に限定して、情報の元栓を締めておけばコントロールは容易だった。ペンタゴンの広報に依存したメディアは、暗視スコープから見える緑色のトマホークミサイル攻撃映像を「資料映像」のように垂れ流すしかなかった。

しかし、イラク戦争の時代はそれでは通用しなかった。湾岸戦争当時はまだインターネットが普及していなかった。また、カタールの衛星放送「アルジャジーラ」、中国国営放送CCTV（海外ではCGTN）など欧米以外の地域発の国際放送も台頭している。多元的な国際放送とソーシャルメディアの時代、しかも国民国家を超越したテロリストとの戦いは単純な広報戦では太刀打ちできない。ソーシャルメディアでアップされるたった一つの市民の動画が、世論を一八〇度変えるかもしれない。だからこそブッシュ政権はメディアを遠く安全な場所にある記者会見室に閉じ込めず、従軍取材をさせる戦略に転じた。ベトナムの失敗に閉じこもらず「攻め」に転じたのだ。

従軍取材はプレスを軍に依存させる効果がある。現場で身の危険を感じれば、守ってくれる軍が頼もしい存在に見えるのは自明だ。海外プレスの選別では、親米的な社ではなく、必ずしも親米ではない社をあえて招いて従軍させる巧妙さも見せた。ただ、リスク管理は必要だった。一つは、記者に独自の動きをさせないこと。二つは、本当に危険な前線には連れて行かないこと。悲惨なものを見せ過ぎれば、プレス内の反戦感情が軍への保護依存感情を上回る。そして三つは、プレスに被害を出さないことだ。メディアは同僚の犠牲に敏感に反応する。

ブッシュ政権がこれらのリスクを踏まえてもメディア戦略を楽観していたのは、湾岸戦争とは異なり、アメリカが直前に九・一一で本土攻撃を経験し、既に戦時世論になっていたからだ。そして湾岸戦争時にはなかったFOXニュースの援護もあった。ブッシュ政権はFOXニュースだけにバグダッド取材でのアクセスを与え、特等席で映像を撮影させた。当時の政府高官はFOXが戦争の準備段階から「正しい質問」をしていたと、その政権忠誠度を評価している。戦争遂行時の政府は、会見で予定調和を乱す質問を好まない。二〇〇三年の感謝祭に合わせてブッシュ大統領がサプライズでイラクを訪問した際、CNNはプール取材から除外された。

　ところがこの戦略が首尾よく機能したのはバグダッド侵攻前までだった。戦局が悪化して長期化すれば、現場の兵士の士気に乱れや動揺が出て、軍に批判的な報道につながる。案の定、アブグレイブ事件に象徴される現場の暴走、軍や民間人の犠牲が増え始め、それに連鎖して報道は批判的になっていった。従軍取材では末端の兵士と記者に寝食を共にさせる一体感で批判報道を押さえ込むのだが、仲間の戦死で兵士には戦争への疑問も生じ始める。リークの情報源を、軍が記者にマッチングしてあげているようなものだった。退役後に「あのとき何があったのか」を、砂漠で共に過ごした記者だけには語り出さないとも限らない。

　つまり、アメリカのイラク戦争初動までの愛国的報道は、九・一一のショックと共に巧妙な従軍取材の「成果」でもあった。その証拠に従軍した著名アンカーはこぞって米軍を誉め称えた。テッド・コペルなど一線のアンカーがそうして次々と晩節を汚した。殺傷能力の高い装備の素晴らしさを伝えるコペルの従軍リポートを、ムーアは映画「華氏911(Fahrenheit 9/11)」(二〇〇四年)で見せしめに使用した。普段、硬派なリベラルで売っているアンカーの腰の引けた報道ほど、左派活動家の攻撃の餌食《えじき》になった。

　しかし、従軍中のリポートは、軍のインフラを借りて国内にニュースを伝えなければな

写真17　「イラク戦争に批判力を失っていた米テレビ各局」の風刺画

らないというジレンマがある。通信的に事故のないスムーズな報道と身の安全を確実にするためにも、現場では批判しにくい。それならばアンカーはなから現場に出ずに、スタジオに残るほうがよい。「ロケーションアンカー」という発想の思わぬ弊害である。これまでアメリカのテレビは「現場第一」で、アンカーが現場からその日の全ニュースを伝える「ロケーションアンカー」の手法も好んで用いてきた。しかし、現場とはネタを取る場であり、報じる演出上の拠点ではない。しがらみのある前線に編集長が出ることは、ショーアップやニュースの重大さへの注意喚起にはなるが、批判報道には適さない。

そもそも、従軍している記者に署名入りで軍を批判させるのは酷だ。記者が現場で孤立するし、情報から遮断されかねない。それは匿名か、論説やスタジオが引き受けるしかない。情報は本社に送り、必要に応じて社が厳しい報道をするなど、現場は裏への食い込みに専心したほうが、視聴者・読者利益には資する。取材者とアウトプットをセットにする例外なしの署名主義は、従軍など特殊な状況下では、逆説的な「言論の不自由」に結びつくこともある。

†九・一一と「ポリティカリー・インコレクト」

アメリカの本場のコメディを知りたければ、コメディクラブで「スタンドアップコメディ」を見るのが一番である。コメディは本来毒に満ちていて人を傷つける、地上波のテレビには馴染まないものだった。そんなコメディアンは放送禁止用語に気を使い、過激さを薄めることと引き換えにテレビ進出を果たした。一九六二年から三〇年間放送されたジョニー・カーソンの「トゥナイト・ショー（Tonight Show）」はその好例だ。スタンドアップコメディ風に独白で政治風刺を行うのは番組冒頭に限定し、セレブリティをカウチに座らせて新作映画やドラマの宣伝トークにも応じる。生バンド演奏付きの夜の総合バラエティショーである。

写真18　ブッシュ大統領を子ども向け道徳アニメの蜂に模してイラク戦争批判をするビル・マー

ウォーターゲート事件以後、カーソンは大統領風刺に斬り込んだが、それは限定的なものだった。後継筋のデイビッド・レターマン、ジェイ・レノらも軽めの人物風刺など万人に愛される安全なジョークに終始した。こうした流れに一線を画し、コメディクラブの毒を持ち込んだ歴史的番組があった。二〇〇一年に拙著で紹介した「ポリティカリー・インコレクト」（ＰＩ）である。そのまま拙著から引用しよう。

「コメディアンのビル・マーが司会を務める、ＡＢＣ「ポリティカリー・インコレクト」が草分けである「古典的政治討論とスタンドアップコメディーショーの融合型」も、九〇年代後半に知識層で評価を高めた。ポリティカリー・インコレクト（Politically Incorrect）とは、政治的・外交的に正しくない、言ってはいけないことという意味で、転じて、問題発言、タブー大歓迎を意味している。芸能人から政治家までが一堂に会して激論する」

ところが「PI」は、二〇〇二年に地上波から抹殺されてしまう。理由は司会者のコメディアン、ビル・マーの問題発言にあった。パネリストの保守批評家デニシュ・デスーザがテロのハイジャック犯を「弱虫だ」と罵ったことに対して、マーが噛み付いた。

「二〇〇〇マイルも離れた地点からクルーズミサイルを発射しているだけの我々の方がずっと弱虫だろ。それこそ弱虫だ。テロが起きたときに飛行機から降りようとしなかった。それがどうして弱虫ではないと言えるのか」

同時多発テロ発生時、大統領専用機で旋回していたブッシュ大統領への批判だったが、九・一一犠牲者の喪に服す空気の中、一線を越えた発言だった。フェデックス社などスポンサーが降り、ブッシュ政権が抗議を強める中、番組は打ち切りに追い込まれる。テロ後、アメリカではニュース番組が画面に星条旗のCGを施すようになっていたが、コメディ番組にも不謹慎発言を戒める風潮は及び、リベラルメディアもマーを擁護しなかった。

マーは規制が緩い古巣のケーブルテレビでHBO「リアルタイム（Real Time）」を立ち上げる。「コメディ・セントラル」「MTV」「ブラボー（Bravo）」「HBO」などのケーブルチャンネルの台頭は、アメリカのテレビの表現の自由の幅を広げた隠れた要因である。

地上波の厳しさとは正反対に、日本ならば差別と誤解を受けかねない際どいネタや罵り言葉も容認されている。とりわけコメディ専門「コメディ・セントラル」はその中心的存在で、「ポリティカリー・インコレクト」も地上派進出前は同チャンネルで放送されていた。マーにはタブーはない。ブッシュ息子大統領を嫌悪し、「リアルタイム」では連日批判を繰り返した。地上波打ち切りはブッシュ衰退とともに勲章になり、バーニー・サンダースらリベラル系の政治家が競って出演した。だが、「共和党寄りのリバタリアン」を自称するマーは、オバマの医療保険改革など民主党の福祉政策も目の敵にする。不正義を叩くための喩え話に差別発言的な毒も入る。決して平和な言論ではない。主演・脚本を務めたコメディ映画「リリジュラス（Religulous）」（二〇〇八年）では、無神論の立場から、キリスト教、ユダヤ教、イスラム教を平等に批判した。

†アメリカの「元祖フェイクニュース」

トランプ政権以降、「フェイクニュース」という言葉が世界的に広まった。ネット上の出鱈目《でたらめ》な情報を意味する言葉だ。また、トランプ大統領が政敵のメディアを「フェイクニュースだ」と罵る文脈で使われることもある。しかし、アメリカで「フェイクニュース」といえば、もともとはコメディアンによる架空のニュース番組を設定にした風刺番組のことだった。

マーの地上波追放と相前後して「コメディ・セントラル」で二つのコメディ番組が脚光を浴びた。一つはジョン・スチュアートの「デイリー・ショー（The Daily Show）」（一九九九～二〇一五年）、もう一つはスティーブン・コルベアの「コルベア・レポート（The Colbert Report）」（二〇〇五～二〇一四年）である。

架空のニュース番組をコメディに取り入れたのは「デイリー・ショー」初代ホストのクレイグ・キルボーンで、彼がCBSに地上波進出して生まれた空席にスチュアートが滑り込んだ。一九八〇年代にコメディクラブで腕を磨いたスチュアートは、MTVの情報娯楽番組を経て、当初は非政治的なソフト路線で我慢していた。二〇〇〇年に「決められない二〇〇〇年選挙（Indecision 2000）」というおふざけの大統領選挙報道を立ち上げ、徐々に政治性を増していたところに九・一一が発生した。

スチュアートの架空のニュース番組は、ニュース映像に関しては既存メディアから拝借した映像クリップを使用しており、独自の取材陣がいるわけではない。途中まではその日のトップ項目のニュースをCNNと同じように伝え、途中から独自の切り取り方を開始する。スチュアートには二つの仮想敵がいた。一つはブッシュ政権で、とりわけイラク戦争の大量破壊兵器の有無の問題にこだわり続けた。もう一つはメディアだ。メディアがイラ

写真19　「デイリー・ショー」ジョン・スチュアート（右）のミラー記者（左）への追及を報じるCNN

ク戦争を容認したことを問題視したスチュアートにとって、二つの敵叩きは相互補完的だった。

ゲストをスタジオに招くインタビューも売りだった。たとえば、パキスタンのムシャラフ元大統領を招き「ビンラディンはどこですかと聞いたら、知らないと言っていましたが、そうしたらいいたと。変じゃないですか？」と外国の政治家にも容赦ない。「ニューヨークタイムズ」で大量破壊兵器が存在するという記事を書き続け、開戦世論に影響を与えた同紙のジュディス・ミラー記者をゲストに招いた回は、ミラーを再起不能なほどに論破した。

放送界で伝説化しているのはＣＮＮ「クロスファイア」をスチュアートが終わらせた事件だ。二〇〇四年、同番組にゲストで招かれたスチュアートは、「コメディアンがフェイクニュース番組で時事問題を伝えるのは視聴者をミスリードする」と批判される役割だった。ところが、スチュアートは二人のホストを返り討ちにしたのだ。

間の悪いことに当時の司会は二人ともジャーナリストではないパンディットだった。左派側は元クリントン側近の政治コンサルタントのポール・ベガラ、右派側はのちにトランプ政権と近い関係になる保守評論家のタッカー・カールソンだった。スチュアートは、保守・リベラルの二極化を煽るだけで「アメリカに有害だ」と、番組のコンセプト自体を否定した。しどろもどろの司会者が痛々しかった。これが発火点となって「クロスファイア」は打ち切りとなる。

一方、コルベアの「コルベア・レポート」はFOXニュースの「オーライリー・ファクター」のパロディ番組だった。コルベアは独裁的なオピニオンショーの架空のアンカーを演じ、やはりニュースを伝える形式で既存メディアの映像を借りながら、編集とコメントでジョークに変える芸を確立した。九・一一以降、ジャーナリズムが政府批判の機能を失うことで若年層が主流メディアから離れていたとはいえ、「デイリー・ショー」のほうがブルームバーグ・ニュースよりも信頼されるという世論調査結果は衝撃的だった（二〇一四年ピュー・リサーチセンター調査）。こうしてコメディに予期せぬ代役が回ってきた。

†ジャーナリズムとタブロイドショーの境目

メディア学者のジェフリー・ベイムは、かつてエドワード・マローが築き、クロンカイトによって磨きをかけられたテレビ報道を「ハイモダン・ジャーナリズム」と定義する。しかし、この伝統的なハイモダン・ジャーナリズムは、一九九〇年代末のクリントン女性問題スキャンダルをめぐる報道を境にタブロイドショーとの境目をなくしていった。メディアは「ポストモダン」となったとベイムは位置づける。そのポストモダンの荒れ果てた地で、ニュースが機能不全に陥り、党派的なオピニオンショーが二項対立を広げている。そこで架空のニュース番組を装うコメディの風刺が空白を埋めた。

彼ら「フェイクニュース」のコメディアンは、MSNBCのアンカーたちのようにリベラルや民主党を代弁しない。民主党も攻撃する。必要とあれば右も左も包括的にシニカルに批判してみせる点で、「ハイモダンのジャーナリズムの批判精神や哲学とポストモダン時代の振る舞いの双方を兼ねそなえている」とベイムは評価する。

こうした風潮のなかSNLの物真似芸にも変化が生じた。SNLの物真似は、権威に怯《ひる》まない点では良き風刺の伝統だが、キャラクターの仕草や顔つきをめぐる笑いが中心で、実体的な政治批判に踏み込むわけではなかった。それが二〇〇八年大統領選以降、パロデイが人物風刺から政策や争点を扱う実体的風刺に脱皮を遂げる。きっかけは二〇〇八年大統領選挙で共和党副大統領候補だった元アラスカ州知事のサラ・ペイリンをめぐる風刺だった。

二〇〇八年九月、女性コメディアンのティナ・フェイ扮するペイリンは、別のコメディアン扮するヒラリー・クリントンと共に演説をするという寸劇を演じた。

ヒラリー「外交は対外政策のすべての要諦と信じています」

ペイリン「そして私の家からロシアが見えます！」

ヒラリー「地球温暖化は男性によって起こされていると信じています」

ペイリン「それはたんに神様が私たちを強く抱きしめているだけだと信じています！」

ヒラリー「私はブッシュ・ドクトリンには賛成できません」

ペイリン「私はそれがなんだか知りません！」

堅物フェミニストとキリスト教右派に愛される無知なアラスカの政治家の対比だが、ペイリンが実際に発言したことがあるのは「ロシアを注視しています」であって、これはペイリンがいかにも言いそうな言葉を台詞にする誇張芸だった。地元州と近いというだけで米ロ関係を考える外交音痴の印象に適合した。政治学者のN・M・ワイルドが言うように、このフェイのパロディが主流メディアのペイリン取材の方向性を規定し、ひいては有権者の共和党マケイン陣営への判断に影響を与えた。SNLの人物風刺としては、政治的に大きな一線を越えたとされるパロディだ。

†「偽の記事」ジャーナリズム

アメリカのコメディと政治の近さを「時事問題を扱うお笑い芸人」と解釈されることがある。筆者もわかりやすくそう単純化して説明することもあったが、コメディの手法で大統領から世相全般までを風刺するジャーナリストが存在すると考えるほうが現実に近い。風刺はアメリカだけのものではない。しかし、政治コメディがお笑いではなく「ジャーナリズムの一分野」とされている点にアメリカの奇妙さがある。

ピューリッツァー賞の対象でもあるユーモア作家というジャンルの書き手がいる。コメディ的な風刺コラムを書く人だ。もっとも有名な人にデーブ・バリーという作家がいる。この一家の日常を描いたコメディドラマ「デーブの世界（Dave's World）」も放送されているほど著名だ。一九九一年夏に来日しているがとにかく何でも茶化しまくる。滞在記『デーブ・バリーの日本を笑う』（一九九二年、邦訳版一九九四年）は、ネタ自体は外国人の日本観察でよくあるもので、おかしな和製英語や習慣を取りあげるなど今では新鮮味はないが、コメディへの変換の仕方が秀逸だ。ただ、コメディなので読者はあくまでアメリカ人である。笑いはステレオタイプを共有している範囲だけに生じる作用なので、同じ文化でないと通じない。たとえば日本人の勤勉さを褒めるくだりがある。歩道に膝をついて、公共のごみ箱を青い洗剤で洗っている人を見たという。

「これがアメリカなら大変な騒ぎになりますよ。環境保護団体は、青い色の合成洗剤が環境を損なうおそれがあると非難声明を出し、それを受けてアメリカ政府は、ごみ箱洗いが数種の絶滅寸前の蠅に対する脅威となりうるかどうか、長期の学術調査を行うことになるわけだが、その調査を請け負う民間の業者を選ぶに際しては、当然ながら各少数民族の雇用比率が政府の基準を満たしていることが条件となり、では、その少数民族にノルウェー人を含めるかどうかという問題について（うるさい！）」

環境保護やアファーマティブアクション（積極的差別是正措置）の風刺だが、こうした政治風刺をときおり混ぜながら旅で見つけた日本の事象をアメリカとの比較で笑い飛ばす。

だが、この手のコメディによる風刺ジャーナリズムは、内容はもとより存在自体が外国では理解されにくい。「言論の自由」が制限された社会ではなおさらだ。「ニューヨーカー」という都市部の教養人が読む文化系のハイブロウな雑誌に寄稿するアンディ・ボロウイッツというコメディ作家がいる。彼は政治経済を風刺するために仮想の話を記事風に書く「記者」である。

二〇一七年三月、彼が「ニューヨーカー」誌に書いた「記事」は、トランプの近況だった。盗聴に疑心暗鬼になった大統領が銀紙（スズ箔）をホワイトハウス内のすべての電話に巻き付けるように側近に指示したとか、「あいつがこの建物の中に潜んでいるのは知っている」と騒ぎ、オバマ元大統領が隠れているので探し出せと命じたとの「記事」だ。ところがこれを中国の国営メディアが事実として報じてしまったのだ。新華社通信はアメリカの報道機関とも翻訳契約を交わしていて、新華社が運営する新聞で紹介された。最初は、アメリカ大統領はここまでおかしくなってしまったのかという反応が大半だったが、次第にこれは作り話ではないかという噂が広まり、偽の情報であると中国メディアで報じられ、翻訳記事も取り下げられた。

新華社は二〇一三年にもボロウィッツの風刺コメディを事実として報じていた。アマゾン創業者のジェフ・ベゾスがワシントン・ポストを購入したのは、手が滑ってクリックしてしまったためだった、という「記事」だ。アメリカン・エキスプレス社から二億五〇〇〇万ドルの請求があり、「間違ってワシントン・ポストを買ってしまうなんて」「ワシントン・ポスト自体、読んだこともないのに」「なんでカートに入ったのか覚えてない。要らないんです。返品できそうにないんですが」とベゾスの架空の発言の引用でジョークを締める。

これはジャーナリズムの砦である新聞が、ついに新興のネット企業の傘下に入ることになった時代性へのボロウィッツなりの哀悼でもあり、ワンクリック消費を加速したアマゾンを揶揄したものだ。ところが、新華社はこれを経済ニュースとして真面目に報じてしまい、それを「人民日報」が掲載してしまった。

「ワシントン・ポスト」のマックス・フィッシャーが言うように、風刺は中国社会でも皆無ではないのだが、報道記事までパロディのモチーフにする風刺文化にはメディアの発想が及ばなかった。文化への精通は表面的な翻訳ができる外国語能力とは別だ。

ボロウィッツの「偽記事」を不謹慎とか紛らわしいとか抗議する人はアメリカにはいない。「ニューヨーカー」とはそういう雑誌で、彼は「風刺記者」だからだ。アメリカの新聞や雑誌にはコメディアンが風刺ライターとして所属し、コラムや架空の物語で政権を揶揄する。コメディという武器で権力を批判する彼らはジャーナリズムの一員でもある。

†コメディが外国を扱うとき

アニメーションはとりわけ難しい。二〇一九年一〇月、アニメ「サウスパーク（South Park）」が中国を風刺した作品を放送したことで、中国国内で放送禁止になるという騒動があった。中国のインターネットから一瞬にして「サウスパーク」が消え去った。

「サウスパーク」とは大人向けの風刺アニメーションで、「コメディ・セントラル」で一九九七年から放送されている、コロラド州の架空の町に住む少年四名のキャラクターを軸とした喜劇だ。ダークコメディと言われる作品で、この世の不条理を抉《えぐ》る陰性度の強い描写が多く、テーマによっては日本の平均からすると受け入れ難いほど残酷で差別的に感じられる表現も多々ある。絵柄は可愛らしいが、アメリカでは完全に大人向けのパロディ風刺である。パロディであるからには、その原型とステレオタイプを知らないと面白くない。大企業の酷い労働環境から、傲慢なセレブリティまで、そのモデルとなる物象の誇張を楽しむ。

問題の中国の回（二九九話）は、登場人物が中国で大麻を売って儲けを企むが、現地で逮捕拘束され、強制収容所で酷い生活を強いられるという話と、バンドが中国で音楽的に成功するには検閲に通るようにアーティストの信念を曲げる話が入り組んでいる。これまで「サウスパーク」は何度も中国を題材にしてきたが、この回はとりわけ直截《ちょくさい》な表現だった。香港でのデモや米中の緊張が高まっていたことも関係したが、「サウスパーク」の制作陣がこれといって「反中」というわけではない。ましてやアジア蔑視とは無関係だ。この回も経済大国になる中国市場の魅力に抗えず、信念なく経済的利益になびくハリウッドやアーティストを揶揄したものだった。

ただ、これはアメリカのコメディ全般に言えることだが、国別に「親」「反」があるわけではないが、強いて言えば風刺を手がける者は「表現の自由」に特別なこだわりがあるので、権威主義体制や言論規制を極度に嫌う。結果、中国への描写はどうしても厳しくなる面がある。「サウスパーク」には政治的、宗教的タブーはなく、日本もステレオタイプの対象になっている。エピソードの中には、中華料理店と寿司屋の店主同士の仲違いから中国の日本への複雑な感情を誇張したり、日本人はイルカを撲殺する集団として描かれる回もある。「サウスパーク」とはそういう作品としてアメリカでは受容されている。誰もが明日は自分が誇張の対象となるかもしれない。

コメディアンの風刺では、海外パロディにも知的な洗練度が加わる。中国もので凄まじい反響を及ぼしたのは、コルベアがCBS「レイトショー」移籍後に行った「中国ではだれもが社会信用スコアを得る」という風刺だ。出だしはCBS特派員が中国を現地からリポートするニュース映像を使い中国の監視制度を紹介するのだが、「浄化したいなら、まず大気汚染を浄化しろ」とジョークのジャブを入れていく。それだけならよくある中国批判に過ぎない。

ここからがコメディらしい悪ふざけだ。一〇〇〇から始まるスコアのCGを画面下に掲げる。コルベアが何か言うたびにスコアが下がる。スコア下落を止めたいコルベアは「俺

写真20　スティーブン・コルベア（左）

の構成作家はチャイニーズだから」、スコアを上げてくれと、机の下からアジア系の男性を引っ張りだす。「僕はタイワニーズだよ」と男性が答えてしまい、スコアのカウンターが超速でゼロになる。コルベアは「この番組では〝一つの中国政策〟だって言っただろ」と彼を叱りつける。単なる監視社会批判ではなく、チャイニーズ（中華系）とされるなかには台湾系もいるアジア系と中華系の多様性を「一つの中国政策」と併せて照射する高度な自虐ネタでもある。

ジョン・オリバーというイギリス人コメディアンは、スチュアートの番組で「架空の記者」として活躍した。現在は、HBO「ラスト・ウィーク・トゥナイト（Last Week Tonight）」というやはり架空のニュース番組で風刺を展開している。オリバーは権威主義体制を心底嫌っており、風刺の対象はロシア、中国、北朝鮮、ブラジル、フィリピンと手当たり次第である。

写真21　日本のゆるキャラを紹介するジョン・オリバー

一連の「フェイクニュース」番組のコメディアンでは、最もジャーナリストに近い仕事に踏み込んでおり、ダライ・ラマにインドで単独インタビューを敢行している。オリバーの独白は解説色が強い。ニュース番組と同じ画面作りなので、コメディという前提知識なしにネット動画などで遭遇すると、レイチェル・マドウらの報道系のオピニオンショーと同じものに見えるかもしれない。時事風刺で常套的な手段の一つではあるが、厳しく批判したあとに笑いに変換する際に自虐を入れる。有名人の写真を似ている動物との対比で見せてネタにするなら、自分の顔も見せ物にしなければいけない。その原則にオリバーは忠実である。

オリバーはやや古典的なサブカルチャーいじりを特技にしている。海外メディアは富士山芸者から現代のオタク文化まで、欧米目線で奇異に映る日本を誇張気味に取りあげてきた。一流紙や三大ネットワークが文脈なしにそれらを報じれば、例外的な事象まで日本のすべてと誤解される。その弊害は見逃せない。ただ、コメディならば嘘か真か、不透明なままエキゾチックな外国を提示することは倫理的にも許容範囲とされがちだ。

オリバーが「くまモン」など日本の自治体のマスコット（ゆるキャラ）を紹介する回も決して好意的ではない。ぬいぐるみ類は幼児的だと考えるアメリカの平均的な目線からは苦笑含みだ。連邦政府もマスコットを作ろう、と心にもないジョーク企画を提起する。「財務省はイルミナティのピラミッドです」。陰謀論パロディを好むオリバーは一ドル札に印刷されたフリーメイソンの「プロビデンスの目」を着ぐるみにして踊らせる。この悪ふざけをするために日本のマスコットを導入で紹介したのだと、ここで気がつく次第だ。

†海を渡る記事や動画の危険性

これらの風刺には危険性もある。これまでオーディエンスがアメリカ国内に限定されていたコメディが、ネットにより海を渡るようになったからだ。ユーモア記事に関しては、現時点では翻訳するメディアが現地のメディア文化に精通して峻別できればトラブルは防げる。しかし、自動翻訳で直接読む習慣も増えればどうだろうか。すでにキュレーションやまとめサイトによる二次引用は浸透しているが、記事紹介のサイトやブログでの引用で、当該原典が、伝統的ニュースなのか、風刺コメディなのか、政治的に偏った思想集団のコメンタリーなのか曖昧なまま混ぜこぜで拡散していく。

自文化圏のものであれば、読み手のリテラシーである程度の峻別も可能だが、海外ではメディア文化が異なるため、書き手と媒体の位置づけが見えにくい。コメディアンの「フェイクニュース」番組を知らずに、動画共有サイトでスチュアートやオリバーの姿を見れば、アメリカの「ニュースキャスター」が「批判している」と感じるのも無理はない。これは偽物のニュースでコメディなのだと伝えても、文化によって笑いの位置づけが違うので訂正しただけでは注意喚起の意味を成さない。

だからといって国際的に生じかねない紛らわしさを抑止するため、風刺文化を抑制する考えはアメリカのコメディアンには毛頭ない。ローカル性を残存させたまま、見た目のグローバル化が進行している。リアリティテレビ時代に入り、本来はトリックスターだった風刺家がジャーナリズムの代替を主導する現象を政治学者のモーメンはこう記す。

「風刺は馬鹿らしさの強調を特技とするが、リアリティが馬鹿らしさの劇場と化してしまえば力を弱めてしまう。そこでこのトランプ時代、風刺家はトランプを実態以上にグロテスクに描くことを競っている。リアルなニュースと風刺の境界線が日に日に消えるなかで、風刺家はジャーナリストの役割を今や補完している」

第五章

移民

――オルタナティブな「エスニックメディア」

†驚きのアメリカ言語事情

アメリカには、実は連邦政府が定める「国語」は存在しない。州単位で英語を公式の言語にしているのも五〇州中で三二州だけだ（二〇二〇年一月時点）。ハワイ州ではハワイ語、アラスカ州も二〇の先住民言語に公的地位を与えているが、これら二州は例外的だ。アメリカは主流メディアも学校教育も「事実上」英語社会である。

一方、アメリカは現在進行形の移民国家でもある。アメリカの国勢調査には「家庭使用言語」というカテゴリーがある。つまり、家では英語を使わない、あるいは英語が一切理解できないアメリカ人もいるのだ。母語（第一言語）が英語ではない移民は途絶えない。親族が呼び寄せられることもある。出生地主義なので、親に合法的には滞在資格がなくてもアメリカ生まれの子どもは市民権を取得できる。自分の住むコミュニティから出なければ、家庭使用言語で生活は事足りるので、第一世代は英語が堪能にならないまま生涯を終えることも少なくない。移民数世代を経ても、家庭ではルーツの言語を保持している世帯もある。

しかし、だからといって英語は衰退していない。多様な言語圏から集えば集うほど、「共通語」の必要性も増すからだ。表層の「英語社会」の下に、見えない「多言語・多民族社会」が広がっているのがアメリカだ。

二〇一一年国勢調査によると、アメリカ人の二〇・八％が家庭で英語以外の言語を使用している。家庭使用言語は多い順に、英語（二億三〇〇〇万）、スペイン語（三七五八万）、中国語（二八八万）、タガログ語（一五九万）、ベトナム語（一四一万）、フランス語（一三〇万）、韓国語（一一四万）、ドイツ語（一〇八万）、ヒンドゥスターニー語（ヒンディー語六五万、ウルドゥー語三七万）、アラビア語（九五万）となっている。

中国語は、北京語、広東語、台湾語（閩南《びんなん》語）、福州語など複数の方言の総計だ。フランス語はハイチ系などのクレオールを含んでいる。また、ドイツ語はユダヤ系の言葉であるイディッシュ語のほか、アーミッシュの言葉であるペンシルバニアドイツ語が入っている。

また、二〇一五年に行われた調査では、最大勢力のスペイン語話者は、一九八〇年に一一〇〇万（五％）から三五年間で四一〇〇万（一四％）にまで増加している。州で英語を公用語に認定する動きが起き始めたのは一九八〇年代以降だが、言語的に「同化」しないメキシコ移民への焦りが根底にあった。ただ、縮小している家庭使用言語もある。イタリア語、ドイツ語、ハンガリー語、スカンジナビア系の諸言語、ギリシャ語、アメリカ先住民言語、日本語などは、二〇〇〇年代にマイナスを記録した。

英語以外の言語を使用する人がバイリンガルかどうかは、言語によりかなりの差がある。調査によると、ドイツ語、フランス語の家庭使用言語を持つ人の八〇％以上が英語も「とても流暢《りゅうちょう》」だが、その割合はタガログ語、アラビア語になると七割を切り、スペイン語、ロシア語で半数強、中国語とベトナム語は半数を下回る。中国語とベトナム語を話す人の三割前後が、英語が「あまりできない」という調査結果が出ている。なかでも中国語話者は全体の一〇％が英語を「まったく理解できない」層である。スペイン語話者もやはり一〇％弱の英語が通じない層を抱える。

また、家庭使用言語の分布は地域性が強い。移民は親類や友人を頼ってアメリカに渡る。母語で働ける職場、慣れ親しんだ食材が手に入る市場があるコミュニティのなかに溶け込む。出身国や地域との地理的な近さ、類似した気候、歴史的なつながりも定住先に関係する。ヒスパニック系がカリフォルニア州南部とテキサス州など南西部「サンベルト」に集中し、アジア系もハワイ州と西海岸以外は限られた大都市だけに固まっているのはそのためだ。

アメリカのチャイナタウンの多くは、観光地化した中華街の印象とはほど遠い土着の生活圏だ。英語話者には売る気がない漢字表示のみの商店が並び、飲茶しようと入店すると台山訛りの広東語で歓迎されることも稀ではない。「ここはどこでしょう?」とクイズで街の一角の写真を日本に留学している渡米経験のない中国人学生に見せても、香港や台北と間違えるほどだ（看板が繁体字だと大陸でないと考え、アルファベットが混ざっていると香港やマカオに見える）。

英語以外の言語を家庭で使用する人口が多い州は、カリフォルニア州がトップで州人口の半数近くの四四％、次いでニューメキシコ州（三七％）、テキサス州（三四％）、ニューヨーク州とニュージャージー州（共に三〇％）となっている。一方、少ない州はウエストヴァージニア州（二％）、ミシシッピ州（四％）ケンタッキー州（五％）、アラバマ州（五％）で、アパラチア山脈沿いと深南部に集中している。これらの州では、日々の暮らしでは英語以外を使用する人に出会うこともなく、外国語はメディアを通してしか耳にしない。

英語以外を家庭使用言語にしている人が最も多い都市は、テキサス州ラレドで実に市民の九二％にのぼる。ほかにもカリフォルニア州、ニューメキシコ州、フロリダ州などに五〇％越えの都市が並び、ほとんどスペイン語圏である。ちなみに多言語度の高いニューヨーク市は三九％、日本人に馴染み深いハワイ州のホノルル市は二七％となっている。

†エスニックメディアの隆盛

こうした移民大国のアメリカで「特別席」を設けられているのが、「エスニックメディ

写真22　ベンジャミン・フランクリン

ア」という特定の民族や宗教に帰属する読者や視聴者のためのメディアだ。れっきとしたジャーナリズムでありながら、政治的なインフラとしてもアメリカの隅々に根を張ってきた。

アメリカ最古のエスニックメディアのひとつと言われているのが、一七三二年にベンジャミン・フランクリンが発行したドイツ語紙「フィラデルフィア新聞（Philadelphische Zeitung）」である。移民は新しい「票」でもあった。新聞がまだ党派的媒体だった時代、政治家が特定のエスニックメディアを買収することもあった。リンカンは大統領選挙に向けてドイツ語紙「イリノイ州報（the Illinois Staatsanzeiger）」を買取し、勝利後に売却している。

現代ではエスニックメディアの目的は大きく四つに分かれる。

第一に、特定集団ごとの連帯感の維持だ。いわば「文化的な機能」で、アイルランド系のように英語圏出身移民や、他のヨーロッパ系移民で世代を経てすでに英語化されている集団でも、文化的なつながりを紡いでいくためのメディアが必要とされてきた。人種や民族だけではなく、カトリック系、ユダヤ系などの宗教メディアもここに重なる。

第二に、英語ができない移民第一世代への情報提供サービスという「言語的な実利機能」だ。アメリカの主流メディアは英語でしか報道しない。移民率が高い地域では投票と最低限の行政には多言語支援もあるが、社会全体が「英語の外」に歩み寄る姿勢はなく、州政府も公共放送も多言語放送を義務化しているわけではない。

アメリカにも外国語科目はあるが、音楽や体育のような身体的「技能」で、数学のように知力を測る「学科」ではない。履歴書では「特技」として記すものだ。大学入学で必須の能力評価共通試験（SAT）にも外国語試験はなく、外国語が大学選別の知力測定の基準（しかも主要な）になっている国があると聞くとエリート層ほどのけぞって驚く。移民の英語習得の苦労を労う感覚もない。表社会は完全な「英語帝国主義」であり、異言語はエスニック社会だけに封印され、移民が独自に非英語の新聞や放送を育てるほかなかった。

第三に、特定のエスニック集団向けのニュースを伝える「情報面での実利機能」である。全国メディアはローカルニュースを報じないし、ローカルのメディアも民族や宗教のニュースはよほど地域の政治や大事件に絡まない限り報じない。また、報じ方も底の浅い表面を撫でるようなものがほとんどである。しかし、移民社会では求人や訃報などの生活情報、移民法改正から人種へイト事件まで、一般ローカルメディアで扱わない情報こそ重宝される。

そして第四に、出身国のロビー活動や広報戦略の道具となる、「出身国の介入機能」である。この機能はエスニックメディア本来の目的ではなく、ジャーナリズムというよりは広報に近いが、この分野のメディアがじわじわと浸透しつつあるのも事実だ。なかには外国メディアとの境界がグレーなメディアも増えている。

これら四つの機能はそれぞれが部分的に混ざり合っていることも多い。

†ユダヤ系と黒人のメディア

エスニックメディアは、アメリカへの「同化」過程で自文化へのアイデンティティを保持していくツールであり、コミュニティの絆の象徴的な柱でもあるため、英語化している集団のあいだでも完全に消えることはない。たとえば、選挙戦では必ず多言語のグッズが溢れるが、これは文化へのリスペクトを示すことが目的だ。英語がわからないユダヤ系はほとんどいないが、ユダヤ系向けにはあえてヘブライ語で広報物を翻訳する。

台湾で選挙年になると普段より耳にすることが多くなる台湾語の扱いに似ている。日本統治以前に台湾にいた本省人の母語である福建省南部方言の閩南語のことだ。北京語が理解できないという人は今ではほとんどおらず、若者は祖父母との会話でしか使わない。しかし、民進党のキャンペーンでは、若手候補でもあえて台湾語で演説する。一九五〇年代以降は学校教育など公共の場で使用を禁じられた経緯から、国民党支配に対する反発の団結の象徴だからだ。台湾では台湾語は「政治言語」でもある。

つまり、言葉は文化であり、単なる実用ツールではない。絆と仲間の証でもある。奴隷制や人種隔離の差別を受けてきたアメリカ黒人、ホロコーストや反ユダヤ主義で迫害されてきたユダヤ系など、虐げられる立場にいた集団は、たとえ英語化していても集団の団結メディアを欲する。

筆者が最初に出会ったエスニックメディアもユダヤ系の週刊新聞「ジューイッシュ・ウィーク」だった。一九九〇年代半ば、筆者はハーバード大学など数校を回るディベートやコミュニケーション学の短期ワークショップに参加したことがある。研修訪問先にユダヤ神学校があり、そこでユダヤ系の記者に取材を受けた。日本に帰国後、この若い記者とのメール「文通」が始まった。まだウインドウズ95が登場したばかりの頃だ。

どうやらアメリカにはエスニックメディアというものがあること、選挙や政治広報での影響力でも、広告価値でも、部数や視聴率を誇る主流メディアでも歯が立たない、「影のパワーメディア」であることなど、あれこれ教えてくれた。このユダヤ系新聞記者との邂逅《かいこう》が、後のユダヤ系下院議員の事務所やニューヨークでの選挙広報への思わぬ滋養強壮になった。

ユダヤ系新聞の歴史は古く、ニューヨークを中心に大都市で主に英語で発行されている。正統派から改革派まで信仰や戒律の遵守の強さでメディアも分かれている。大多数が公民権擁護から民主党支持だが、記者の立場は様々で、親イスラエルの共和党寄りの保守派もいるし、近年では「Jストリート」系という反戦リベラル的な左派も伸張し、こうしたエスニック集団内の各派の勢いも記事に浮き彫りになる。

マイノリティのジャーナリストは二つの道を迫られる。一つは、マイノリティとして積極的に主流メディアに就職して、主流メディアのなかで多様性の拡大に努める道。これはこれで重要な役割だ。もう一つは、エスニックメディアを盛り上げることに尽くす道だ。民族愛や信仰心が強い記者は、大手への転職を微塵《みじん》も考えずにエスニック復興に燃える。外国人学生の筆者に非公式のジャーナリズム講義を施してくれた「ジューイッシュ・ウィーク」の記者も典型的な後者で、病で短い生涯を終えるまでユダヤ系新聞だけに才能と情熱を捧げた。

他方で黒人メディアは、一八二七年に二名の自由黒人によってニューヨークで発行された「フリーダムズ・ジャーナル」に遡る。やはり南部の奴隷制の問題を提起するための政治的新聞だった。ポスト公民権運動時代、雑誌「エボニー」「Ｊｅｔ」に象徴される黒人メディアが花開き、ニューヨーク、シカゴ、ロサンゼルスに続々とローカルの黒人新聞が広まった。二〇一九年時点で、黒人向けの新聞としては一二の主要新聞が発行されている。二万三〇〇〇部の「ミシガン・クロニクル」を筆頭に「フィラデルフィア・トリビューン」「シカゴ・ディフェンダー」が部数上の三大紙だが、デジタル化のコストに見合うだけの需要が地域で見込めずに廃刊に追い込まれる新聞も少なくない。

黒人は人口比でテレビ視聴率の高い集団であり、エスニック放送局も隆盛を極めた。一九八〇年に放送を開始した黒人向け放送BET（ブラック・エンターテインメント・テレビジョン）は、シーラ・ジョンソンという黒人実業家が立ち上げた、初の黒人ケーブルテレビである。八万七〇〇〇世帯をカバーし、R&B、ソウル、ジャズ専門の「BETJ」、「BETゴスペル」「BETヒップホップ」など音楽専門チャンネルも擁する。ラジオ放送のBETラジオ・ネットワークは全米五〇市場で放送され、「106&PARK」という老舗カウントダウン番組は根強い人気を誇る。

かつては報道にも力を入れており、一九八八年に放送を開始したニュース番組「BETニュース」のほか、「ティーン・サミット」という視聴者参加型の番組では、スタジオの若者が薬物やHIVなど黒人社会の問題について議論し、社会的にも高い評価を受けた。しかし、二〇〇〇年にBETはバイアコム社に約三〇億ドルで売却され、一気に娯楽色が強まった。

創業者は黒人雑誌「エボニー」の映像版を意図して開局したが、公民権運動や黒人の社会問題を扱う硬派番組がめっきり減り、目先の視聴率を優先した編成に近年は批判も多い。「テレビニュースをエスニックメディアの放送局が独自に行うのは厳しい道だ。予算が少ないBETは著名アンカーに高額の報酬を払えない。我々は細々とやるのが精一杯」とCNNなど大手での勤務経験もあるBETプロデューサーは悲観的である。

†スペイン語メディア

人口横ばいの黒人と対照的なのが、新移民が続々と増え続けるヒスパニック系メディアだ。オンライン化が進行しつつも、新聞は日刊紙が二六、週刊紙が四二八、不定期刊行紙が三七八ある(二〇一〇年調べ)。読み書きが苦手な新移民にはウェブの英文記事も億劫《おっくう》なため、テレビなど視聴覚メディアがなかなか衰退しない。

アメリカ最大のスペイン語テレビ局はウニビシオン(Univision)である。一九五五年にテキサス州サンアントニオに開局したアメリカ初のスペイン語放送局にルーツがある。ドラマ、スポーツ、ニュースなどを放送する総合局としてアメリカのヒスパニック系社会でナンバー一の地位に座り続けた。二〇一三年、プライムタイム視聴率(全年齢層)で三大ネットワークに次ぐ地位に浮上し、一八歳以上四九歳以下の層で一位に輝いたことは業界を騒然とさせた。人口増は広告主にも旨みがある。不法移民も立派な消費者である。

長年一強だったウニビシオンにも、一九八四年開局の後発テレビ局、テレムンド（Telemundo）が迫る。テレムンドは一九九九年に報道部門を本格始動させた。仕掛けたのは、本書第三章で触れたFOXニュース立ち上げ人のペイロニンである。彼の梃入れで、スペイン語放送は「一強」から「一強一弱」にシフトした。

ウニビシオンの旗艦的な夕方ニュースは東部、中西部の大都市とサンベルト地域を中心に一七市場で放送されている。視聴者数は二〇一六年に一二〇万人だったが、微減中で二〇一八年に一〇〇万弱に落ち込んでいる。ライバル局のテレムンドは、二〇一六年に夕方ニュース視聴者数は六九万八〇〇〇人だったが、二〇一八年には七〇万三〇〇〇人と僅かながら増加させている。

健全な競争はヒスパニック系メディアの地位を全体として高めた。二〇〇〇年代以降、大統領選挙ではスペイン語放送局の単独インタビューは陣営として外せなくなっている。また、大統領選挙ディベートの開催局として、主流メディアと対等の共催にこぎ着けたのは、エスニックメディアでは唯一スペイン語放送局だけだ。テキサス州で開催される民主党予備選挙ディベートは、CNNか三大ネットワークとウニビシオンの共催が定番化しつつある。

写真23　2012年大統領選挙でウニビシオンに出演しインタビューを受けるオバマ大統領

政治家にとっては移民政策の重要な売り込みの機会だが、他方でスペイン語放送での失言は命取りになる。二〇一二年大統領選挙では、オバマ政権が一期目に移民制度改革を実現できなかった問題にヒスパニック系有権者の苛立ちが沸点に達していた。この怒りを代弁したウニビシオンの著名アンカーは、出演したオバマ大統領を容赦ない追及で謝罪に追い込んだこともある。

†中華系移民の「四つの波」

スペイン語に次ぐ言語集団を顧客にするのが中国語メディアだ。中南米系も出身は多様だが、中華系のメディアも香港、台湾、大陸中国の数十年史と絡みあっている。中華系はアメリカに渡来した時期によってかなり性質が違うが、少なくとも四期に分割できる。

第一波は、清朝時代、香港を窓口に今でいう広東省南西の沿岸部各地からゴールドラッシュ期に渡米した集団とその子孫による広東系時代だ。一八四八年にカリフォルニアにいた中国人はわずか七人だったが、一〇年後には三万五〇〇〇人に達した。辮髪《べんぱつ》のまま大陸横断鉄道の建設に従事した出稼ぎの男性労働者がそのまま居着き、サンフランシスコに拠点的なチャイナタウンが築かれた。根強い差別でチャイナタウンに閉じこもった生活を長く余儀なくされたが、そのため食から言語まで密度の濃い中華文化が維持され、彼らは広東語（主として台山方言）だけで生活していた。

チャイナタウンは長く、映画「チャイナタウン」（一九七四年）にあるような阿片窟《あへんくつ》と売春宿がひしめくいかがわしい伏魔殿で、白人社会に好奇の目で遠巻きに見られる存在だった。中国人排斥の動きが一八八〇年代に西部全土で巻き起こり、一九〇二年に恒久的な排華法が実施された。

第二波は、一九四三年の排華法廃止による移民制限の解除以降のグループだ。この時期の主流は台湾からの移民で今や五〇万人強もいる。そのうち半数の二五万人位が蔣介石と共に戦後台湾に大陸から渡った外省人だ。公務員や教員の外省人には教育補助が出て留学ができたので、一九六〇年代までの中華民国系（台湾系）の多くは外省人留学生だった。

台湾では七割が本省人なので、初期渡米者の外省人比率の高さは如実といえる。広東語一色だったアメリカの華人社会に彼らは北京語を持ち込んだ。

一九八〇年代からは急激に本省人が増えた。米中国交回復で国際的孤立への危機感から、台湾民主化の気運も高まっていた。日本語を話す年配世代の本省人も続々と子どもに呼び寄せられてアメリカに移住した。ニューヨークのクイーンズにあるフラッシングは「リトルタイペイ」に様変わりし、ロサンゼルスのモントレーパークも台湾街となった。台湾語、客家《ハッカ》語が飛び交い、古い世代は日本語を話した。

一九七〇年代までの移民はビジネスや投資目的だったが、同郷会や台湾宣教基金会（長老会系教会）などの教会組織が一九八〇年代以降、台湾民主化の拠点になっていく。当時、アメリカで博士号を取った台湾人の四分の一は台湾に帰国して活躍したが、ブラックリスト入りで帰れなかった本省人留学生はアメリカで牙を研いだ。民主化後、理系の頭脳中心に、彼らが台湾に戻り始めて民進党の第一世代を築いた。歴史学者の何義麟が指摘するように、天安門事件以降民主化に失敗した中国が、民主化に成功した台湾と違っていた点として、民主化を求める移民ネットワークが海外に築かれていなかったことがある。

第三波は、一九八九年の天安門事件後、一九九〇年代の大陸系である。大陸からの留学生が事件で帰国できなくなった際、ブッシュ父政権は永住権を与えて彼らを保護した。そして、それに便乗して政治亡命を口実にした大陸からの労働不法移民も一九九〇年代に激増した。だが、「第一波」が支配するサンフランシスコは、広東語のできない新参者には敷居が高く、大陸系の多くは職も多いニューヨークのチャイナタウンを目指した。不法移民とその子どもの多くもアメリカに残った者は同化した。広東省以外の福建省からの移民も増え、ブルックリン八番街は福州語が飛び交うニューヨーク第三の華人街と化していった。

ちなみに一九九七年の香港返還で、母語の広東語が通じるアメリカのチャイナタウンに香港人が一斉に押し寄せるという現象は起きなかった。英国海外市民旅券（BNO）を持つ香港人が入りやすかったカナダが移民先に好まれたからだ。

第四波は、「強い中国」の大陸系である。改革開放を経て一九九〇年代に経済発展した中国はWTO入りも果たす。二〇〇八年にリーマンショックで対米輸出が停滞し、内需拡大で中間層が誕生し、人民元も上昇するなか、二〇一四年にアメリカは中国の消費力に期待し一〇年ビザを与えることにする。二〇一七年までのわずか数年の間に大量の中国人が押し寄せた。彼らは同じ大陸系でも第一波の大陸横断鉄道系や一九八〇年代以降の現地に同化した大陸系とは異質だ。第四派は、「強い中国」に自信を持ち、アメリカ観が違う。出身地域も従来の広東省、福建省の沿岸部にとどまらず、共通語の北京語を持ち込んだ。

これらは筆者が二〇年、聞き取りを続けてきた中華系社会の古参「エスニックメディア」やコミュニティ指導者たちの目線から大規模な新規参入者に焦点を絞った分類で、第二波以降の移民の幅は広いだけに、さらなる細分化も可能である。ただ、二大政党の選挙現場は、集団ごとの政治的な性質の違いをとりわけ重視してきた。

†二〇〇〇年ニューヨーク選挙と日系

二〇〇〇年にニューヨークの大統領選ゴア陣営と連邦上院選クリントン陣営の民主党合同選挙本部で筆者が担当したのは、彼ら中華系を含むアジア系有権者向けの集票戦略と広報だった。当時の筆者を取材した文化放送の清水克彦記者は次のように書いている。

「ゴア陣営も兼ねたヒラリー候補の選対本部には、常時、一二〇人前後のスタッフが働いており、ホワイトハウスからヒラリー自身が連れてきた側近や選挙のプロ、遊説内容を決めるスピーチライターなどから構成されていた。本部を取り仕切っている責任者をはじめ、スタッフは三十代前後と一様に若く、その中に、アメリカ議会の下院議員の紹介で加わったという渡辺さんが含まれていたのだった。渡辺さんは、私のような末端ではなく、有権者から直接、ヒラリー支持を取り付けるアウトリーチ局という部署で重責を担う人物だった」(『ラジオ記者、走る』二〇〇六年)

清水氏は直前期に陣営を訪れ、体験取材としてビラ配りなどにボランティア参加していた。陣営二階には筆者がいたアウトリーチ局のオフィスとは違うエリアにボランティア作業所があり、日替わりで数時間ごとに市民が集まっていたが、当時コロンビア大学に留学していた井上未雪《みゆき》氏（朝日新聞記者）が来ていた日もあった。

「重責」は明らかに過大評価にしても、陣営でアジア系戦略を担当するフルタイムの担当者が筆者だけだったのは事実だ。アウトリーチ局長のクリストファー・マギネスは、ヒスパニック系とLGBT対策を得意としていたがアジア系に関しては無知だった。漢字が読める筆者が窓口を務めるメリットもあった。中華系スタッフも数名いたが、彼らは陣営の広報局長やホワイトハウスのスピーチライターで、エスニック集団の操縦はアウトリーチ局に丸投げだった。

陣営で親しくしていた外国人同僚には興味深い人物も多かった。オーストラリア人で元英紙記者のアンドレア・アドラムは、帰国後オーストラリア政府の報道官や広報顧問になった。アウトリーチ局の盟友でポーランド系担当のシルビア・スプークは、パートタイムでの陣営参加だったが、ポーランドで法学者として大成し、現在では欧州議会議員になっている。

さて、ではどのような広報戦が必要とされたのか。ニューヨーク市は民主党の牙城だったので、共和党との争いというよりも、選挙妨害になるような火種を抑止する広報戦略と直前の票の駆り出し動員の戦略立案が主だった。民主党全国委員会の戦略マニュアルもあったが、地域に即しておらず使い勝手が悪い。上司からは二つの必修課題を言い渡されていたが、動員戦略というよりは政治的な色彩が濃い宿題だった。それ以外に自主的に決めた課題も一つあった。

必修課題の一つはアジア系内の対立をマネージすること、もう一つはアジア系の利益団体や地方選挙の候補者のキャンペーンに、民主党選挙を乗っ取られないように管理することだった。当時、印パは核実験で揉めていたし、中華系の中にはニューヨークの市議選出馬の宣伝に大統領選挙を利用したい野心家もいた。彼らに宣伝の場を与えて支持者を集めさせ、他方でイベント開催や広報物が市議選への我田引水にならないよう目を光らせなければならなかった。

「アジア太平洋諸島系」とは国勢調査用語に過ぎず、アジア系ほど日常的に分断している集団もない。統合の記号は「公民権」だった。出身国別の対立や文化差もあるが、マイノリティとして差別を受ける点では共通している。「協調して政治力を高めよう」と民主党候補者への組織作りを促した。アジア系広報物は各系用と全アジア言語を一枚に盛り込んだ二種類を作成した。また、献金パーティもチャイナタウン、コリアンタウンなどであえて順繰りに開催し、彼らの交流と距離感の双方に配慮した。

筆者の虎の巻のひとつは、ニューヨーク州民主党本部で引き継がれていた、票田に力を持つ地域の重要人物名簿だった。その中華系指導者欄には興味深い特徴があった。二〇〇〇年の時点で「チャイニーズ」「タイワニーズ」の二つの区分けになっていたのだ。名簿は地域指導者の協力で作成するので、このことは、台湾系の政治力が活発化していたことを示唆する。「チャイニーズ」は「第一波」を中心に、「第二波」の一部を指していた。実は名前のアルファベットの綴りで広東語か北京語かがわかる。Chan なら広東語（「陳さん」北京語音では Chen）、Yeung も広東語だ（「楊さん」北京語音では Yang）。当時、「第四派」は存在せず「第三波」もまだ政治的に力を持っていなかったので、広東語音の名前でなければそれは概ね台湾移民と判別できた。デリケートだったのはこの「タイワニーズ」のアイデンティティの扱い方だった。

二〇〇〇年は奇しくも国勢調査が初めて「台湾系」をサブカテゴリーとして認めた年だった。台湾にルーツを持つ移民の約半数の人が「台湾系」を選んだ。折しも台湾では民進党の陳水扁政権が誕生し、台湾独自のアイデンティティを強めていた。他方、台湾系内での客家にルーツを持つ者の客家アイデンティティも強まっていた。アメリカの選挙戦でもこうした動きを尊重して配慮する必要があった。

中華民国は共和党に近い印象があるが、これは外交政策とワシントンのロビー活動の局面でのことで（これも現在は超党派化しているが）、内政では国民党系（藍系）を含めて民主党支持が多いことに驚かされた。どんな移民もアメリカでは弱者であり、差別や福祉に優しい政党になびくからだ。政治家を動かすには都市部で権力を握る民主党と共闘するのが手っ取り早いという実利もある。特に民進党系（緑系）は、アメリカでは民主党と距離を縮めていた。

ところで筆者のひそかな自主課題は、民主党ニューヨーク本部で名簿も独立しておらず無視され続けていた日系を盛り上げることだった。日系が多数派を占めるハワイ州以外では、「日系」というエスニック集団単位では政治活動がはばかられた。戦争の敵国出身として理不尽にも収容所に入れられていた彼らは、アメリカ社会への「同化」を優先したからだ。上長のマギネスに特別の許可をもらい、日系人政治家をイベントに招き、テレビ局の日系人アンカーに演説を依頼し、日系人の政治参加率を高める努力をした。ほんのささやかな抵抗だった。

†台湾系「世界日報」と香港系「星島日報」

アウトリーチ戦略で広報の梃となるのはエスニックメディアだ。メディアは表看板で、裏の顔はエスニック集団のボスであるなど利益団体まがいのメディアもあり、彼らに食い込むと芋づる式で票田が開けた。筆者は印パ系のメディアとも平等にパイプを築いたが、やはりメディア幹部と地域のリーダーが同一人物だった。最大グループの中華系メディアは、中華系労組や商工会との絆も深く特に重要だった。イベントを報じてもらう広報以上の戦略的パートナーだ。逆に地域のエスニックメディアを敵に回せば、アメリカの移民社会では選挙に勝てない。

一九八九年以前、ニューヨークには少なくとも一〇の中文日刊紙があったが、淘汰《とうた》され最後に残ったのは主要二紙だけだった。台湾系の「世界日報（ワールドジャーナル）」と香港系の「星島日報（シンタオデイリー）」である。

台湾紙「聯合報」の一員である「世界日報」は、一九七六年にニューヨークで発行を開始し、西海岸にも展開している。クイーンズの本社内に工場を持ち、ボストンからワシントンまで東海岸一円に陸路の配達網を確保している。ニューヨークで公称九万部、全米で三六万部で、日曜版も発行している。幹部やベテラン記者には国民党系が多いが、民進党系の商工会にも信頼を得ている。蔣介石夫人で晩年マンハッタンに住んでいた宋美齢死去のスクープをものにしたことでも知られる。九・一一後に数週間、マンハッタンのチャイナタウンが閉鎖され車が入れなくなったとき、テロ後の情報に飢えていた中華系市民に、手押し車で新聞を届けた逸話が、そのコミュニティ魂を物語る。

記事の柱は第一に「暮らしの情報」で、中華系にとって欠かせない訃報や葬儀の告知、最新の移民法情報、そして教育だ。台湾移民は香港移民や大陸移民と比べても圧倒的に大学進学率が高く、教育熱心な中流層向けの進学情報に需要がある。ニューヨーク版の広告にも「補習班」という塾が多い。第二の柱は、アジア系絡みの事件報道だ。これはどのエスニックメディアもそうだが、市警はエスニック絡みの事件に関して逆にメディアの助けを求めることもある。ニューヨークでもアジア人が被害者や加害者の事件は、アジア系メディアがスクープの独壇場だ。

「世界日報」は創刊時から政治的には反共が原則だが、以前に比べると民進党系の独立派にも一定の理解を示すバランスも見せている。幹部記者は「民主主義の中国にならなければ中国に復帰はしない」と語る。

世界日報
WORLD JOURNAL
300萬人驚嚇

写真24　「世界日報」1面

一方、ライバルは香港の新聞「星島日報」の北米版だ。サンフランシスコに地元版オフィスを構えたのは一九六〇年と古く、ニューヨークには一九八〇年代に進出した。公称で全米一八万部、ニューヨークで五万部を誇る。香港系「明報」も一九九六年にニューヨークに進出したが、「星島」との競争に敗れた。香港「星島」の経営者は中国共産党寄りではあるが、エスニックメディアとしてのアメリカ版は徹底した商業主義で政治的な独立性を貫く意志を見せている。「星島日報は二つのものにだけ従う。一つは読者、一つは広告主。この二つの言うことしか聞かない。中国の国家主席だろうと、アメリカ大統領だろうと、ニューヨーク州知事だろうと関係ない」とアメリカ版の幹部は筆者に語る。

星島日報
特朗普造勢
稱將創奇蹟
籲兩黨合作
稅改大綱正式公布
大降公司及個人稅

写真25 「星島日報」1面

ニューヨークの中華系ネタをフロントページに掲載し、バックページは最重要ニュースに割いている。娯楽、金融など「世界日報」と同じく一般紙と変わらない記事の豊富さだ。全米ニュースはAP通信や「ニューヨークタイムズ」の記事転載、大ニュースでは香港、大陸、ニューヨークの協力で記事を作成するという。記事の重複を防ぐため、毎晩グローバル会議をするなど、エスニックメディアと香港メディアという二つの顔を持っている。

僑報
報両季GGG
才100元、補詔半年!
世界华文传媒论坛进入福州时间
李克强天津考察职校：让工匠精神渗入每道工序
第一签、第一桩 雄安新区建设迎历史时刻
墨西哥地震遇难者增至65人 已现721次余震

写真26　世界の中華系メディアが中国に招かれた会合を1面で伝える「僑報」

シリコンバレーのアジア系の活躍からは意外だが、五〇歳以上で新聞を読む習慣がある人は紙媒体を手放さないという。ニューヨークで中華系メディアが共催する端午の節句の「ドラゴンボート祭」で、「星島」が写真をオンライン版だけに掲載したときの苦情の洪水は凄まじかった。「星島」はオンラインに移行できない人が生きている限りは紙の発行は止めない方針で、ニューメディアに無理にプッシュしないという。

一般紙や地上波は流し見しかしない人も、エスニック新聞だけは舐め回すように、広告ですら一時間もかけて読むという。「星島」によると長くて五分程度と滞在が短いウェブ版に対し、紙版は広告まで熟読される。商店の電話番号の間違いまで読者に指摘されるらしく、移民消費者相手では見かけの再生数やクリック数よりも浸透密度を優先したいという広告主が多い。

現在、大陸系として残っているのは一九九〇年にニューヨークで発行を開始した公称全米一二万部の「僑報（チャイナプレス）」だけである。天安門事件後、事件での学生への武力行使に論説で反対した大陸系新聞もあったが、中国大陸から財政支援を受け、思想的に共産主義の影響を受けていたメディアはいったん淘汰された。しかし、一九九〇年代以降、中国政府はニューヨークでの新聞の価値を再認識し、「僑報」への梃入れで読者を増やしてきた。

もうひとつ触れておく必要があるのが、一九九五年にニューヨークで発行を開始した週刊新聞「大紀元（エポックタイムズ）」である。二〇〇二年に放送開始のテレビ「新唐人電視台（NTD）」と共に、中国共産党に厳しい報道を続ける法輪功系メディアだ。ただ、中文メディアの事情通曰く、「大紀元は「信仰の自由」を求める運動が根底にあることが特徴」であり、地域ジャーナリズムを兼ねる中文メディアと競合する関係にはない。

†チャイナタウン再訪

二〇一九年、筆者はハーバード大学国際問題研究所に客員研究員として着任した。台湾国立政治大学で米台関係と総統選の調査研究に従事したのちの渡米だった。ハーバードでは香港移民研究の第一人者であるアメリカ人の同僚教授の手助けも得て、ボストンを起点に、懐かしいニューヨークの三大チャイナタウン（マンハッタン、クイーンズ、ブルックリン）からシカゴ、ワシントン、そしてサンフランシスコ、ホノルルにも足を延ばした。

写真27　NY フラッシングのチャイナタウン

アメリカのチャイナタウンにはそれぞれに歴史がある。映画俳優で武術家のブルース・リーはシアトルに留学し、「第一波」広東系の牙城であるサンフランシスコで道場を開いた。白檀《びやくだん》貿易で栄えたホノルルは、清朝打倒を目指す革命団体の「興中会」を孫文が結成した地でもあるが、日系人のあまりの影響力の強さのなかで中華系の影は薄い。アメリカの移民社会は、最初に流入して多数派化した集団が支配的になり、それが居心地を決める。ところで、チャイナタウンをめぐっては、この二〇年で様変わりしたことがいくつかある。

第一に、チャイナタウンの「大陸化」である。特に「第四波」は存在感を増している。アメリカのチャイナタウンのシンボルは、街のあちこちにたなびく中華民国の青天白日満地紅旗だった。今では中華人民共和国の五星紅旗が増えていて驚かされる。二〇〇〇年代の半ばから大陸の新聞も部数を増すようになった。顕著なのは中国語の多様化だ。かつて広東語が支配的で、一部に北京語と台湾語が共存していたが、今では大陸の各方言が浸透している。ブルックリンの商店の軒先では福州語が飛び交い広東語の台山方言も押され気味だ。

写真28　簡体字化するチャイナタウン（NY フラッシングの不動産広告）

目立つのは簡体字化だ。中華人民共和国が採用する簡体字は大陸とシンガポールで使われているが、アメリカの中華社会は香港、台湾、マカオと同様に繁体字（日本における漢字の旧字体にほぼ当たる）を継承してきた。ところが、今やかなりの数の屋外広告や案内図などが簡体字化してきている。これは必ずしも話し言葉が北京語になったことを意味しない。漢字は表意文字であって、音を表す文字体系ではない。中国語の方言は単語が違っていたり、同じ単語でも読み方（発音）が違っていたりするため会話が通じないが、書き言葉の中文は共通だからだ。

世界でも、当該の地域、大学、企業などへの中国の浸透度を見るわかりやすい指標のひとつに、中文表示の漢字がある。カーソルで「中文」を選ぶと、簡体と繁体を選択できる仕様が本来はフェアなのだが、簡体字しかないケースが増えている。観光地の案内表示もそうだ。台湾や香港の人は、来日して初めて日本の「中国語」が大陸式で簡体字であることを知るのだが、これは純粋に第二外国語教育の影響であり、日本の中国語話者の選択ではない。

さて、二〇年の間にニューヨークの中文新聞では、スタッフの顔ぶれも変化していた。「星島」は二〇年前、記者はほとんど香港出身だったが、今は七割強が大陸出身だ。ジャーナリズム志望の若者が減少し、大陸からの中国人留学生を雇わないと回らない。商業的にも大陸移民で部数維持をはかるため、「星島」は広東語に基づいた中文表現を北京語に基づいた表現に変えた。これが奏功し、かつては広東系地域だったブルックリンで「世界日報」を抜いて売り上げ一位に躍り出ている。ただ、「世界日報」も「星島日報」も繁体字をやめる気はないという。彼らの簡体字への抵抗感はかなり根強い。

インターネットやソーシャルメディアの発展も大きい。現代の留学生や新移民はそのまま中国とつながり続けている。ニューヨークのJFK空港に着いた瞬間に留学生はスマートフォンをオンにして、「ニューヨークタイムズ」を中文翻訳で読み、北京の友人とつながりつづける。そうしたつながりは地下茎を形成し表からは見えにくい。

アメリカの中文メディアを理解できる者だけに共有されている現象に、二〇一六年大統領選挙での世論調査結果の分断がある。英語での世論調査では中華系は民主党支持が大半だったが、中国語が家庭使用言語の移民は九割がトランプを支持した。議会共和党の台湾派の実力者が明かすように、人権派のヒラリー・クリントンは一九九五年に北京で開かれた世界女性会議の演説で中国の面子を潰し、天安門広場に乗り込んで抗議の横断幕を掲げたペローシ下院議長と並ぶ中国共産党の永久の天敵に指定され、中国は消去法でトランプの勝利を当時は望んでいたからだ。中国語ソーシャルメディア「ウィーチャット(WeChat)」の世界ではまるで違う世論が成立していて、そこは完全に中国である。

二〇一六年にニューヨークで、黒人男性がピーター・リャンという中華系警官に発砲されて死亡する事件があった。警官を有罪にするのは「中国人差別」だという騒ぎが巻き起こり、全米四〇都市で大規模なデモに発展した。その甲斐あって実刑判決は免れた。だが、チャイナタウンの事情通によれば、大陸系メディアが水面下で「ウィーチャット」を使って運動を形成していた。「世界日報」など主要紙はほとんど「特落ち」状態で、伝統的な中華系市民はデモ立ち上げの蚊帳《かや》の外であり、これは新移民による運動だったという。だが、「過去最大規模の華人デモ」と参加者を十把《じっぱ》一絡《ひとから》げにする報道がほとんどだった。

第二は、アジア系内の対立構図の変化だ。台風の目は韓国系の影響力の増大である。象徴的なのはニューヨークのフラッシングでの韓国系と中華系の対立だ。二〇一〇年にブルームバーグ市政下のモデル的再開発で、フラッシングに八億五〇〇〇万ドルの予算で複合商業施設の建設が計画された。ところが、韓国系商店が立ち退きの犠牲になることが火種となった。韓国系ラジオ放送WWRUは、韓国語トークラジオ番組で地元リスナーの怒りの声を延々と放送して対立を煽った。かつての南アジア系の印パ対立並みの激しい憎悪が渦巻いた。

これが妙な作用を及ぼしている。反共的だった中華系の先発組「第一波」「第二波」が、後発の大陸組との普段のわだかまりを棚上げにして、韓国系との闘いのために一致団結する動きを加速している。いわばローカルのエスニック対立が中華系の大陸移民の定着を促しているのだ。これは右記のピーター・リャン事件とも同じ構造だ。アメリカの黒人社会は警官の暴力に敏感であり、一斉にリャン有罪論に傾いた。これに対して「えん罪警官を守ろう」と黒人に対抗する中華系の団結が勃興したが、その過程で中華系内の「反共」は棚上げにされた。

†アジア系の購買力と広告収入

さて、放送メディアはどうだろうか。二〇〇八年はエスニック放送にとって大きな転換点になった。テレビ局が倒産すると連邦通信委員会（FCC）が周波数のオークションを行うが、アナログからデジタル放送に移行し、周波数さえ手に入れば新規のテレビ放送にもチャンスは広がった。これによりベトナム系などのアジア系テレビが活性化した。ポルトガル語以外の中南米系はスペイン語一言語に統一されているが、アジア系は多言語である。購買力のあるエスニック集団と広告を結びつける上では、話し言葉がばらばらなアジア系では放送の価値が小さくない。

アメリカ全体ではテレビ離れの傾向のなかで、躍進を続けるテレビ局が西海岸にある。中国語放送の衛星テレビ局「天下衛視」である。台湾系アメリカ人の資本によってロサンゼルスに一九八九年に設立された「北美電視」が前身だ。アメリカ史上初の中国語による二四時間放送テレビだった。二〇〇一年に「天下衛視」（Sky Link TV）に局名を変更し、順調にチャンネルを増やしてきた。台湾、香港、大陸中国のエンターテインメント番組を契約して放送する一方、アメリカの中華系社会や西海岸の社会に関するローカルのニュースを報じる報道部門を持っている。最大の特徴はその言語方針で、広東語と北京語の二言語放送を貫いている。

番組の放送をモニターする主調整室「マスター」があるロサンゼルス局は、北京語チャンネル、広東語チャンネルを有する。そのほかアメリカの中華系の歴史的拠点であるサンフランシスコにも、広東語と北京語の両方で放送を行うチャンネルを持つ。

「天下衛視」が世間を驚かせたのは、二〇一八年一二月に発表された、視聴率など視聴者行動データを提供するニールセン社との提携だった。従来から問題視されていたのは、ニールセンの視聴率の偏りだった。西海岸ベイエリア（サンフランシスコ、シリコンバレー、サンノゼ）には多く見積もっても視聴率を調べる機器が三〇〇世帯にしか設置されていない。測定器は依頼ベースなので、警戒心の強いアジア系は怪しげな装置を取り付ける協力には後ろ向きで、そのため新移民はデータから漏れがちだった。また、英語が理解できないと協力できない。

しかし、彼らも中国語放送は視聴し、消費活動は旺盛であり、広告主にとっては大切な顧客だ。アジア系アメリカ人の購買力は二〇〇〇年から二〇一七年までの一七年間で二五七％（九八六〇億ドル規模）に達し、これは他のどのエスニック集団をも凌駕するものだ。二〇二〇年には一兆三〇〇〇億ドルに達すると見られるこのマーケットには熱い視線が注がれた。広告主とニールセンは絶対数は少ないが購買力があるアジア系のデータを喉から手が出るほど欲しがっていた。

そんな広告主が目をつけたのはエスニックメディアだった。とりわけ四チャンネルを全国向けに放送する「天下衛視」の視聴データは、アジア系の動向を探る上で突破口になると考えられた。視聴者数では地上波やメジャーなケーブルチャンネルに歯が立たないエスニックメディアも、広告収入では逆転する事例が生まれているのはそのためだ。

スペイン語放送の躍進はヒスパニック系の絶対数の多さと比例しているが、経済的成功に裏打ちされ購買力が続伸しているアジア系は、広告収入では伸びしろがあると見られている。スターバックスを飲み、トヨタの車を運転する登場人物が出てくるドラマのような、あまりに古典的な企業案件の「タイアップ」も、アジア系ドラマであれば提携していいという会社が少なくないという。

†西海岸からメディア融合を睨む「天下衛視」

「天下衛視」の視聴者数はまだ六万から八万と小規模だが、そのうち三割はベイエリアにいる。サンフランシスコは七割が広東語、三割が北京語話者だと局は見積もっている。ロサンゼルスは台湾移民の影響で北京語が優勢で、サンフランシスコと比率が逆転している。サン番組は八割が北京語だが、そのうち大陸中国と台湾の番組比率はおよそ半々である。サンフランシスコは台湾率を二割に抑えているという。

サンフランシスコでニュース部門を統括するダニー・ウォンは、幼少期に香港から両親と移民した。「以前はサンフランシスコでビジネスをするなら広東語は必須だったが、今

写真29　「天下衛視」のダニー・ウォン氏（サンフランシスコ本社）

は必ずしもそうではない」と語る。それは広東語人口が減ったからではなく、共通語としての北京語を理解する広東語話者のバイリンガル性が高まったからだ。これも中華系「第四波」の影響だ。

「天下衛視」は朝七時から正午まではアジア各地のニュース番組を流す。午後前半は料理や家事番組などで主婦層を引きつけ、三時、四時になるとドラマの時間だ。そして午後六時に独自制作のローカルニュースを放送している。夜は英語字幕付きでカンフードラマなどを放送中だ。英語字幕にしているのは、英語しかわからない新世代と親の世代が共に視聴して中華文化の継承ができるからだという。

工夫しているのはテレビとユーチューブとの使い分けだ。再生回数が上がるニッチなトピックはあえてユーチューブにまず出し、その広告だけでニュースの制作費を賄《まかな》えるだけの広告収入を得ている。それではユーチューブのチャンネルになってしまいそうだが、ほかの地味で硬派なテーマはテレビ向けに流すことで、テレビ局という報道機関としての信頼維持が可能だと睨んでいる。これまでベイエリアの社会問題を積極的に掘り下げ、数々のジャーナリズム賞に輝く番組を育ててきた。主なものだけでも電子タバコ問題、詐欺事件、チャイナタウンの衰退などに切り込んできた。

長期の経営戦略はアメリカのアジア言語テレビを統合することにある。まずは中国語、そして韓国語や日本語での放送も視野に入れている。脱西海岸を目指してニューヨーク、その後はシカゴ、シアトルへの進出を計画しているという。全米の中華系の五五%がサンフランシスコとニューヨークにいるが、近年は地理的に分散しつつあるからだ。

だが、彼らはアメリカ国内のローカルのテレビ市場では利益を上げることは考えていない。「天下衛視」の強みは台湾、香港、大陸中国の主要な放送コンテンツ契約を早期から先取りして抑えていることだ。衛星放送のテレビを本陣としながらも、豊富なコンテンツを多メディアを用いて収益化していくという。

生き残るためのポイントは、資本力とともに、意外にもニュース部門を持っているからだという。エスニックメディアが大切にしてきた「コミュニティ」を維持する上で、ローカルのテレビはまだ必要だとアジア系メディアのインサイダーたちは考えている。テレビを入口にしてオンラインに引き込む「ワンメディア」戦略である。ユーチューブでは四〇〇万登録を超え、アマゾンチャンネルとも提携した。アジア系コンテンツとアジア言語の字幕に特化したネットフリックス・アジア版をイメージした、専用アプリケーションも開発中である。

海外勢力による「エスニック・ロビー」のグレーゾーン

エスニックメディアには海外との接点となる力もある。孤立主義のアメリカが第二次世界大戦に目を向けた際、ユダヤ系メディアが果たした役割が知られている。「ニューヨークタイムズ」などの主要メディアがホロコーストをさほど熱心に報じなかった時期から、ユダヤ系のエスニックメディアが報じ続けた。ただこれはアメリカの移民社会が海外の仲間をなんとかしたいと手を尽くす方向性だ。「エスニックメディア」が外国勢力のソフトパワー戦略に巻き込まれるのは新現象である。その代表例が中国メディアだ。

中国の国営放送CCTVの国際版であるCCTV－9は、二〇〇三年にアメリカのケーブルテレビに進出したが、二〇一六年からCGTN（China Global Television Network）に名称が変わった。CGTNは徹底した現地化をはかった。つまり、現地国のアンカーを雇い、その国の言葉と訛りで放送するのだ。そしてニュースだけでなく、旅、文化、外国語学習など総合的な文化教養番組を放送している。よほどアジアの政治事情に詳しくないと、中国の国営放送だとは気がつかない。ＣＧＴＮの番組は純粋に娯楽として見られるものも多く、一般のアメリカ人にとってはエキゾチックな経験をお手軽にできるチャンネルだ。

　第一章で述べたようにメディアの真の編集権は、何を報じたかではなく、何を報じないかで発揮される。大言壮語的なプロパガンダはもう流行らない。過剰な自画自賛や攻撃的な言説が国営メディアだと思っていると拍子抜けするほど、現在の中国の広報戦略は洗練度を高めている。そうしたサブリミナル戦術は紙媒体の新聞でも同じだ。

写真30　「チャイナデイリー」2017年9月29-10月1日（週末版）

　英字紙「チャイナデイリー（中国日報）」は全米の主要ホテルのロビーで無料配布されている。記事はいたって普通でファクト的にも概ね正確なものが多い。しかし、ごく僅かな争点に関して微妙なニュアンスに工夫を凝らし、そして熱心に見ていないと気がつかないが載らないニュースもある。アメリカの主流報道と比較して視聴、通読する分にはさほど実害がないが、アメリカ人の視聴者や読者がアジアの情報源をこれらだけに絞ると、「違う世界観」が長い間に形成されていく可能性がある。

アメリカのシンクタンク「フリーダムハウス」によれば、「チャイナデイリー」のアメリカでの予算は二〇一〇年代の一〇年で一〇倍増となり、五〇〇万ドルに達している。フェイスブックのフォロワー数もCGTNは九〇〇〇万、「チャイナデイリー」は八四〇〇万と凄まじい数だ。二〇一九年の香港デモ報道では「ニューヨークタイムズ」とCGTNが動画のクリップ合戦を繰り広げた。香港デモの当事者に迫る動画に対抗して、CGTNも時にはドローンショットまで駆使してユーチューブにアップロードし続けた。

ソフトパワー戦略はどの国もやっていることで、韓国の「アリランテレビ」(韓国国際放送交流財団運営)もアメリカ人のあいだで親しまれている。ただ、弊害はエスニックメディアとの区別がグレーなことだ。右記の国営メディアは「第四波」以降の中国移民への情報提供の面では、旧来のエスニックメディアの機能も果たしてはいるが、主な狙いは一般の英語話者のアメリカ人だ。大半のアメリカ人は放送主体や発行元には無知なまま触れる。

しかも、アメリカではエスニックメディアの真贋《しんがん》には部外者は立ち入らない伝統がある。表の層では「英語帝国主義」で主流のアメリカへの同化を迫ってきただけに、移民社会の内部には過度に干渉しない流儀なのだ。その民族や信仰の「関係者」にしか容易に手を出せない世界がある。映画「チャイナタウン」では刑事が殺しの血なまぐさい現場で同僚にこう声をかけられる。「いちいち気にするなジェイク、ここはチャイナタウンだ」。

†ソーシャルメディアとシャープパワー戦

平均的なアメリカ人はアジア系社会には無知なので、外国と移民をごっちゃにしてしまうこともある。新移民に免疫の薄い文化的な保守層は、外国の問題を当該国出身の移民イメージに重ねがちで、逆に都市部のリベラルな層は移民の延長で外国を理解してしまいがちだ。どちらにせよ移民と外国が意識面で過度に「地続き」になる弊害である。

たとえば、新型コロナウイルスの蔓延後、アメリカで反アジア系の風潮が生まれた。フィギュアスケーターで香港移民三世ミシェル・クワンが、トランプ大統領の「チャイナウイルス」という呼び方がアジア人差別を助長しかねないと批判した一方で、先述したコメディアンのビル・マーは、病気に地域由来の名付けをすることは他意なく広範に行われてきたことだとして、彼の番組「リアルタイム」でこの呼称を擁護して論争化した。

マーは必ずしもトランプ大統領を支持したわけではない。「人種差別主義者」や「偏見に満ちた愚か者」がいるからこそ、「中華系アメリカ人ではなく中国を批判すべき」で、「アジア系アメリカ人とは関係のない問題」であることを強調した。そんな注意喚起が必要なほどに「チャイニーズ・アメリカン」と外国の「チャイナ」は曖昧な扱い方をされが

写真31　「チャイナデイリー」の広告記事を批判したトランプ大統領のツイッター

ちで、台湾系アメリカ人なども含めるとその複雑さにアメリカ人全般はついていけない。

また、二〇二〇年二月、ペローシ下院議長が地元サンフランシスコでチャイナタウンの観光振興を訴え、これが共和党からの攻撃を招く事件が起きた。新型コロナウイルスへの見通しの甘さと「チャイナ」を掛け合わせた、印象操作的なある種のネガティブ・キャンペーンである。香港人権民主主義法を主導した対中強硬派のペローシだから誤解を解けたものの、普通の民主党政治家ならば致命傷だった。

民主党の政治家は、公民権運動以降、黒人やアジア系などの少数派擁護を内政の柱にしているので、外交上の中国批判がアジア差別と曲解されることを嫌がる。外国政府批判も国内の人種問題やヘイト問題に論点がすり替われば、民主党としては「撃ち方止め」で融和的にならざるを得ない。エスニック社会と外交の思いもよらぬ連動だが、こうしたアメリカのお家事情が、自国に有利な立場を浸透させる諸外国の「シャープパワー」戦略を利することもある。

また、エスニックメディアを介した間接的な宣伝戦も激しさを増している。米中貿易戦争では、報復関税で被害を受けた大豆産地のアイオワ州の地元紙「デモイン・レジスター」に、「チャイナデイリー」が二〇一八年九月に広告記事を掲載した事件があった。貿易戦争でアイオワの大豆農家が損をすることを地元有権者に訴えた内容だった。記事に見せかけた体裁の広告である。地元紙に外国名の新聞の「記事」が挟み込まれていることがそもそも不自然なのだが、国際政治や中国事情に疎い農業州の市民には記事との区別がつきにくかった。

この広告記事をトランプ大統領がツイッターで紹介して批判した折に、コメント欄に賛否両論の意見が、英語と中国語の簡体字の双方で書き込まれた。簡体字コメントが中国大陸から書き込まれたものか、アメリカ国内での記入なのか、第三者が中国人の反論に見せかけたものかもわからなければ、トランプを批判する英語コメントが本当にアメリカ人の民主党支持者なのかもわからない。

かつてのテレビ広告による伝統的なネガティブキャンペーンは、政党にせよ利益団体にせよ発信主体が明確であった。二〇一六年以降、bot（ボット）が特定の候補者や党派的な評論家を賛美したり攻撃したりするツイートを溢れさせているが、法的規制は追いついていない。そもそも連邦選挙委員会（FEC）は bot の存在を認めてこなかった。

また、プロバイダ（ISP）の免責を定めた通信品位法二三〇条の無力化には、ネット空間の言論の自由を奪うとして慎重論も根強い。民主党はトランプ批判に終始し、ロシア以外の海外勢力の介入の議論は避けてきたことも対応の遅れの一因となった。アメリカの民主主義は、その自由で開放的な性格がもたらすジレンマと技術革新に蝕まれつつある。

†主流メディアを相対化する力として

社会学者のミン・チョウが言うように、エスニックメディアは投書やコールインで自由に意見を発言するという、「出身国ではそう容易にできない機会を移民に与えることで、彼らを民主主義に包摂する」機能があった。しかし他方で、「祖国と移民を結びつづける」機能もある。非民主圏からの移民を相手にするエスニックメディアはこの矛盾を抱えてきた。

エスニックメディアは一義的には「地域メディア」である。中華系メディアは自律性を発揮し、香港デモも、天安門事件の追悼式典もアメリカの地元社会の反応があれば臆することなく報じるし、ダライ・ラマにも単独インタビューする。だが、国際政治ニュースには論説を付けない。あくまでローカルのコミュニティとの関係だけで世界情勢を報じる。地に足がついているとも言えるが、中華系の民主的メディアとしては、ジャーナリズムの本質的な部分を避けているようにも見える。

それでもエスニックメディアは、アメリカ社会になくてはならないメディアだ。

一つはインフラとしての役目である。エスニックメディアは、アメリカでは移民社会のすべてを知り尽くした「シンクタンク」のような機能を担う。選挙ではエスニックメディアの編集部が票の動きを知っている。地域の「暴動」がどのくらいで収まるか、住民が何に怒っているのか、政治家はエスニックメディアに知恵を借り、警察も捜査のヒントをもらう。「ニューヨークタイムズ」もCNNも、こっそり「星島日報」や「世界日報」の門を叩く。主流メディアが報じるエスニック社会のニュースの情報源は大抵当該エスニック集団の「同業者」である。

もう一つはアメリカを多元化する「刺激」だ。主流メディアとエスニックメディアのコラボレーションも生まれつつある。二〇一二年にはABCがネットワークとしては初の試みとしてウニビシオンと共同選挙特番を放送した。ヒスパニック系人口を反映しての動きだが、今後は部分的にケーブルや衛星のチャンネルやネット番組で、主流メディアとエスニックメディア、またエスニックメディア同士のコラボレーションが増えてくる可能性もある。

また近年異彩を放つのが英語とアジア言語のバイリンガルメディアだ。ボストンで発行される「舢舨（サンパン）」紙は、同じ記事を中文と英文で掲載するバイリンガル紙だ。中国語がわからない他のアジア系との連帯を紡ぎ、白人や黒人など非アジア系に関心をもってもらうのが隠れた目的だ。アジア系が何を考えているのかを知りたいという需要で、ボストン政界でも「ボストングローブ」紙とは別の重視のされ方をしている。二〇一九年、ボストンで香港人留学生が起こした、香港デモ支援の集いを同紙は丹念に取材し、次のような大陸系移民の意外な声を拾っている。

「このデモを実は支持しています。上海では一〇人も集まれば逮捕されてしまう。共産主義は人民のためのものです。ならば人民に話す自由を与えてあげてほしい」

アジア系、中華系は多様だし、大陸系の心も揺れていることを丹念な取材で、英語で伝え続けている。予算規模やSNSのフォロワー数だけでは獲得できない「信頼」に賭ける、こうした不器用なジャーナリズムもアメリカにはある。エスニックメディアが移民社会を出て、英語でネットを介してアメリカ全体に発信し始めたとき、主流メディアも彼らを無視してはいられなくなるだろう。

終章　民主主義の条件として

†ニュース「番組」の消滅?

ニュースが映像クリップとして配信されるようになって久しい。ニュース番組では、項目の順番やスタジオ演出にもひとつひとつの意味が込められていたが、それらが解体されて個別売りになると、ニュース番組における「構成」の価値は陳腐化していく。これは編集権の問題とも関係する。会見や現場映像をネットの動画に全部アップロードする行為が評判を得ていて興味深い試みだ。だが、フル公開の選択をメディア側に委ねず、取材素材をすべてクラウドにアップし、過去の放送と共に視聴可能にすれば便利だとの考えにはどう応えるべきか。

この発想は放送局が持つ膨大な量の「資料映像」の聖域にも踏み込んでいきかねない。報道の慣習上、市民を無確認で被写体にしている「資料映像」も少なくなかったが、ニュースのネット配信化でスクリーンショットや部分転載されやすくなると、「資料映像」をめぐるプライバシーや肖像権の概念も変容を迫られる可能性もある。個人の姿が映り込んだ映像を、グーグルのストリートビューのような「景色」と考えるのかどうか。

かつて放送は「瞬間」のメディアだった。瞬間風速に賭ける醍醐味の業界でもあった。流れていったものがそのまま消えていく。テレビ報道の現場には新聞のような「切り抜き」の習慣がない。警視庁記者クラブで泊まり勤務中の業務の一つに、切り抜きを「一課」「組対」「生安」と事案の担当課別に仕分けしてスクラップブックに貼る仕事があった。テレビ局の記者も新聞のスクラップはする。しかし、横目で常に見続ける他局の放送をすべて録画整理する習慣はなく、リポートを後で細かく分析する暇があれば次の仕込みに勤《いそ》しむ。自分の出演番組の録画を持っていないアンカーや記者も少なくない。流れた瞬間に消えていくメディアの儚《はかな》さをそのまま受け止める姿勢でもあった。

ビデオ録画は個人で保存・視聴されるもので、広くシェアされるものではなかった。しかし、放送局側が公開するウェブ動画でニュースは「残るもの」になった。オンエア時の視聴率は一％だったのに、その後のウェブ上の視聴ではその数倍という逆転現象も起きる。ただ、ニュースの「迫力」は新情報の凄みに支えられている。そこにはメッセンジャーまで重要な存在に見せる錯覚効果をともなう力があった。特集だけでなくニュースまで過去映像としてサイトに陳列されていくと、メディアやメッセンジャーの「迫力」は長期的には相殺されていくだろう。

†視聴率のからくり

「ＷＢＳ」（テレビ東京系列）では毎晩、新人が率先してやるべき仕事があった。オンエア後に交換台から「サテライトお願いします」と経済部のフロアに回されてくる視聴者からの電話に出ることだ。番組の性質上、大半は商品紹介「トレたま」で扱った会社の電話番号を教えてほしいとか情報確認に関することだったが、中には延々とクレームを止めない抗議もあった。視聴率一％で一〇〇万人という世界で、数本の電話や葉書に敏感になるのも不思議だが、それでも手間をかけた具体性のある声には弱い。

ラリー・キングはアメリカで全米中継のテレビを長く続ける上で大事なのは「フッパ」（ユダヤ系の言葉イディッシュ語で「厚顔無恥さ」）だと言った。雑多な視聴者層を想像して媚びようとするとうまくいかないので、面の皮が厚いぐらいのほうがよいという考えだ。しかし、主体不明のコメントをソーシャルメディアで常時書き込まれる現代にあって、テレビの黄金時代を謳歌したキングが同じことを言って説得力があるだろうか。

ニュートラルなメディアにはこの流れは辛いだろう。セグメント化されたネット時代に一定の視聴率を稼ぐ番組は、ある程度の天敵を抱えつつそれを上回る支持層がいればいいのだが、そうすると偏った姿勢をとる必要がある。アメリカと台湾の主流メディアは奇《く》しくもこの方法で成功している。ＦＯＸニュースもＭＳＮＢＣもトークラジオも、台湾の国民党寄りの「中天」「ＴＶＢＳ」も民進党寄りの「民視」「三立」も立場は明確だ。ＣＮＮはトランプ政権とのバトル自体を視聴率浮揚の戦略に用いて、「偏向だ」との保守派の批判にはびくともしない。

ニュース番組には、系列上層部を含む局幹部、スポンサー、視聴者、ジャーナリズム界という四つのジャッジがいるが、概ねあちらを立てればこちらは立たない。責任者は前者二つに神経を尖らせるが、現場はデスクやキャップなど近い範囲の上司、そして同業他社をあっと言わせたいという承認欲求の願望が先立つ。

見るに耐えない番組が高視聴率を取ることはないが、質の高い企画が数字を取れないことは多々ある。視聴率は絶対性ではなく相対性の帰結だからだ。視聴率はタイムラグに支配される。現在の数字は過去の番組への評価の表れでもある。当日のザッピングだけで急上昇するには、衝撃映像や臨時ニュースでない限りは、裏番組の運が相当に左右する。毎分の折れ線グラフを全局重ねるとわかるが、CM入りと明けで視聴者はチャンネルを大移動する。

今ではドル箱となった「60ミニッツ」は、実は番組開始当初は打ち切りの憂き目に遭いそうなほど低視聴率だったが、同じ内容のまま日曜日の夕方に移したとたんに急上昇した。「日曜フットボール」の直後の枠だったのだ。アメリカン・フットボールは国民的スポーツで、決勝戦のスーパーボールの日には店が休みになり、休講にする大学教授もいるほどだ。そんなフットボール視聴者を取り込み、そのまま全米一位の視聴率になった。また、

「アプレンティス」が木曜日から他の曜日に再編成されそうになったとき、高視聴率で安定していた木曜から動かすなとトランプが激怒した。曜日と時間帯、前後と裏の番組との相対性がすべてだと知っていたからだ。絶対的な資質だけでなく、タイミングと相手が勝敗を決めるのは選挙とよく似ている。

同時視聴に縛られないネット動画は、より絶対的な評価になる。面白ければシェアされるし再生数も時間を経るごとに増えていく。だが、必ずしもそこにジャーナリズムのバリューとの関係性はない。ライブであろうと収録であろうと、決まった曜日時間の同時視聴がなくなれば、「番組」感は消えていくだろうし、ニュースは視聴者の都合でランダムに視聴される数分の動画「クリップ」に解体されていきかねない。

一方、サブスクリプション方式が、従来のテレビになかった忠誠度の高い視聴習慣を根付かせる未来もある。なるほど動画配信者と登録視聴者の心理的な近接感は、伝統的な芸能人とファンの遠い関係とは違う。アメリカでは選挙戦の伝統だった著名スターの支持表明のリアルな集票効果が疑われる中、ユーチューバーがコアな登録者に応援の口コミを呼びかける破壊力がむしろ注目されている。「チャンネル性」さえ維持できれば、裏番組との競争の呪縛から解放される新境地の可能性も小さくない。

†独立メディアと左右に偏る自由

ハーバード大学の政治学者のS・レビツキーとD・ジブラットが中南米を事例に『民主主義の死に方』（二〇一八年）で示したように、選挙制度の導入自体は民主的な指導者を約束しない。「民意で選ばれた」ことが独裁の正当化になるとすれば、その前にまず整えるべき条件がある。誰に投票しても投獄されず、仕事や生活に影響しない自由と共に、有権者が独自に判断できるだけのリテラシーを育てる、世論形成の要としてのジャーナリズムの成熟だ。トップを批判しても潰されないメディアの自律性が民主政治の要諦であることは自明であり、アメリカはその道を牽引してきた。

中国人留学生に民主主義と政治コミュニケーションを教えるようになって久しい。筆者が所属する大学院は留学生の比率が高く、そのうちかなりの数が中華人民共和国の学生だからだ。高等教育までを中国国内で受けた人のなかには、どんなに優秀で日本語が達者でも、ぎょっとするようなことを真顔で言う院生もいる。「天安門事件？　そんなものはなかったんですよ、先生」。党員と非党員、帰国組と日本就職組、たまにいる少数派の台湾人留学生との「両岸関係」など、留学生の複雑な人間関係からも啓発を受け、まるで中国の大学で教鞭をとっているような、パラレルワールドと日常を行き来する知的刺激に満ちた一〇年だった。

公民権運動の一里塚と民主主義のダイナミズムを感じさせたオバマ時代、教室は比較的「平和」だった。しかし、トランプ就任以降、民主政治に懐疑的な反動が噴き出した。「選挙は危険。ポピュリズムで誰でも大統領になる」「言論の自由は危険。ヘイトスピーチが増えている」——中国人留学生はアメリカのリベラル系メディアによるトランプ批判を持ち出しては、民主主義は正しくないと意を強くするようになった。だが、大統領のどんな小さな問題でも厳しく叩くのは、なりたくてなった権力者にはどんな批判をしてもよいというアメリカのメディアの日常光景である。

政府が表彰する「労働模範」(模範的人物)の奮闘物語を英雄的に紹介するのがメディア報道だとして育っている中国人留学生は、真顔で「日本のニュースの「模範報道」では、模範的人物をどう描いていますか」と訊いてくる。大学までを大陸で過ごした彼らに対しては、先に民主主義について整理してからアメリカの文献講読に導かないと、メディアの政権批判から「アメリカや日本は病んでいる」という印象と共に民主主義そのものの否定論に傾く弊害も見え隠れする。

本書冒頭では、「アメリカのテレビジャーナリズムは三回死んだ」と、あえて挑発的な指摘をした。第一に商業主義、第二にパンディットの跋扈による政治とメディアの共犯関係、第三に九・一一による批判機能の喪失である。しかし、ゆめゆめ誤解してならないのは、ＦＯＸニュースはたしかに偏っているが、そのことはアメリカが左右に偏る自由を満喫していることの証でもあることだ。

自由があるからこそできる「偏向」もある。国家が統制しない、民間が自由に行う「偏向」は、ある意味では「言論の自由」の証だ。「公正中立」ばかりを求めると、国家がその基準を定めることに収斂されかねない。コメディやエスニック文化が主流メディアを相対化するアメリカ的な「復元力」も無視できない。

長年、中国人留学生にアメリカの政治やメディアを教えるなかで、彼らが祖国で学んでくる「新聞学」と、アメリカのジャーナリストやメディア研究者、政治学者が前提としている「Journalism」のイメージのすれ違いを意識するようになった。「キャスター」なのか「アナウンサー」なのか、上半身サイズのフレームで出演者が登場し、原稿化された何かの「お知らせ」を読みあげるような番組とか、グレーやカラーで文字や写真が刷られて見出しがついている日刊の配布物、こうした形態としての「テレビニュース」「新聞」などのメディアはどんな国にも存在している。しかし、それは必ずしもジャーナリズムと同義ではない。

中国の若者もメディアは政府の一部であると熟知しているが、逆にネット空間は自由だと信じたがるナイーブさも併せ持っている。政府や国の権力者を堂々と批判するジャーナリズムを発信者も受信者も身を以て経験したことがないまま、テクノロジーが発展し、権威主義体制のまま突如としてネット社会に移行したので、ネット期待論だけが突出しがちだが、デジタル時代にむしろ監視が容易になった逆説性に直面している。

筆者の指導学生にも、新華社系の通信社の記者になった者から、CCTVの「アンカー」を目指す者までいるが、そこで求められる役割や超えてはならない一線は、欧米や日本のジャーナリズムとは相当に異質だ。日米のメディアが記事で「トランプ独裁」と書くのは、比喩的な表現であるが、言論が不自由な社会からは微笑ましくも見える。「その程度で独裁？　本当の独裁、知ってる？」という声が聞こえそうだ。本書の比喩に対しても「その程度でジャーナリズムが死んだ？　言論の自由があるだけ羨ましいのに」と言われてしまうかもしれない。そうした見えないすれ違いは健在だ。

なるほど政治体制が完全に民主主義化していない権威主義体制では、メディアはジャーナリズムとしては機能しにくい。しかし、これは鶏が先か卵が先かの問題で、良きジャーナリズムが良き民主主義を育てるし、その逆もまたしかりだ。そこで参考になるのが台湾の民主化の事例である。

†台湾の民主化とジャーナリズム

テレビの党派的政治色と分極化はアメリカ固有の現象ではない。台湾では民主化後、国民党寄りの「藍」メディアに加えて、民進党寄りの「緑」メディアが台頭した。政党が党派的な戦略家や批評家を番組に送り込み、世論の方向に影響を与える行為はアメリカ以上に日常的で、選挙キャンペーンでも投票日当日までメディアを舞台にスピン操作が展開されていく。メディアの党派的偏りが自明のこととして有権者に受け入れられている点も、アメリカと似ている。

たとえば、民進党寄りのテレビが、民進党陣営の動きを国民党陣営のニュースよりも長く放送することは珍しいことではない。アメリカでもFOXニュースが選挙直前にトランプ大統領ばかり報じても誰も文句を言わない。中立性優先の日本の感覚からすれば、米台は有権者の政治リテラシーへの丸投げに見えるかもしれない。

台湾ではニュース専門チャンネルだけでも、「非凡」「民視」「三立」「東森」「年代」「中天」「TVBS」などがあるが、このうち「民視」（FTV）と「三立新聞台」（SET）が民進党寄りで、それ以外が中道か国民党寄りであるとされる。ただ、同じ民進党寄りでも「民視」が台湾語専門アンカーや台湾語ニュースに注力するなど独立派寄りで、「三立」がより穏健派で蔡英文支持に近いなど微妙な差もある。かつて戒厳令時代には国民党一色だった旧地上派テレビも、「華視」が経営トップに「緑」系を招き多様化している。

ただ、この分断は「保守」「リベラル」の左右分断とは違う。あくまで中華ナショナリズムと台湾ナショナリズムを両端に置いた「台湾アイデンティティ」をめぐる台湾固有の対立軸の結晶が根底にある。テレビ局上層部は政治思想と社のカラーの一致度が高く、政権ごとに幹部が入れ替わることすらあるが、現場は職人なので意外に政治と無関係である。ここもアメリカに似ている。

台湾のテレビ関係者が口を揃えるのは、報道姿勢に関しては台湾のテレビは二〇〇〇年から二〇〇四年が変容期だったという点である。新聞は戒厳令終了後すぐに変容したが、テレビは一九九〇年代も基本的には変化せず、陳水扁政権までは変わらなかった。チャンネルも三つしかなかった。かつては民進党の候補者の音声を流すことも許されなかったが、さりげなく流して上司も見て見ぬ振りをするという現場ぐるみの「小さな抵抗」の積み重ねで、民進党の候補者の音声も流されるようになり、メディアも民主化していった。規制緩和でチャンネルの数が三桁に膨れ、世帯視聴率の低下がエンターテイメント化を招いてもいるが、これは政治的自由の証でもある。

「アジェンダ設定機能」という概念がある。メディアには人の思考を決めることはできないが、何について考えるかを設定する力がある。この分野を牽引する研究者であるM・マコームズは、一九九四年の台北市長選についてこう指摘する。

「台北には三つのテレビ局があったが、三局ともなんらかの点で政府や長年政権の座にあった国民党に支配されていた。はたして、テレビニュースには何の議題設定効果も発見されなかった。アメリカの政治学者V・O・キーの有名な表現を――状況は異なるが――、借りるならば「有権者は愚かではない」のである。対照的に、台北の主要日刊紙二紙に関しては、有意な議題設定効果が見出された。これらの新聞は世界中のほとんどの新聞のように、特定の政治的立場を支持している。しかし、台湾政府や国民党による直接的な統制はまぬがれ、独立した事業体である」

マコームズは「かなりの程度公開された政治システムと、かなりの程度公開されたメディアシステム」が、メディアの議題設定効果への条件だとしている。アメリカのメディア研究は多くの場合、民主主義社会を前提に理論構築をしてきた。権威主義体制下で「議題設定」風の効果が見られても、右の原則に従えば、それは似て非なるものである。だが、国際的に浸透力を発揮する権威主義体制メディアが現実に台頭するなか、そうしたメディアをどう理解すべきなのか。メディア研究も新たな課題を抱えている。

†アメリカのメディアの原罪

アメリカで二〇世紀に起きた政治思想、知識人、テレビという奇妙な組み合わせの融合は、テレビに偏見を持たない、象牙の塔に籠もらない在野の知識人であるバックリーというパブリック・インテレクチュアルがいたからこそ成立した。しかし、他方でそれはバックリーという個性的な出演者の存在があってこそ成立したモデルであり、後続の類似番組は必ずしも「知」や「思想」を意識した出演者と内容では構成されなかった。テレビで知識人が政治思想を扱う上での限界がそこに露見している。

ジェームズ・ファローズだけでなく、NBCのトム・ブローコーやコラムニストのデイビッド・ブローダーも、ジャーナリストが「パンディット」になる傾向を戒めている。オピニオンショーの司会者も、解説と言論を兼ねた「アンカー」的な役割を組織に期待されはじめている。商業放送が基本であるアメリカでは制約だらけだ。司会者や出演者の質的制約にはじまり、知識層を満足させる内容が必ずしもスポンサーの要求する責任視聴率を満たさない営業上の制約、ワシントン政界のインサイド情報が優先され、思想や文化を軽視する編成上の制約まで。

九・一一がイラク戦争を生み、イラク戦争への反戦世論がオバマ政権を生みだした。それと同じように、ＭＳＮＢＣやマドウを成功させたのは九・一一だった。二極化するオピニオンショーの隆盛の陰で、伝統的なニュース番組は視聴率を低下させ、メディアの繰り出す愛国報道と反戦報道のサイクルに、視聴者はその都度振り回されてきた。「アプレンティス」以降のトランプをめぐるメディアの持ち上げて落とすサイクルも同じだ。

この原罪は少なくともコメディにはない。彼ら風刺コメディアンらに言わせれば、ＭＳＮＢＣのブッシュ政権批判も、ＣＮＮのトランプ政権批判も、党派対立を商品にした「にわか」にしか見えない。だが、風刺コメディアンにできるのは「気付き」を与えることまでだとすれば、リアリティの解釈は、リテラシーを涵養する豊潤で多様なメディア経験の行方に依存している。

あとがき

海外のメディアについて深く知ることは、海外を深く知ることと表裏一体でもある。外国をめぐる情報は、結局のところ当該社会のメディアや言論の環境に従属しているからだ。二〇一九年から二〇二〇年にかけて、私は台湾国立政治大学とハーバード大学に招聘され、台北とボストンに住んだ。二つの都市で、アジア全域や世界中から集まった研究者と議論しながら、また国際色豊かな学生に講義するなかで、脳裏を離れなかったのはこのことだった。

ジャーナリズムが狭義の国益に縛られない社会では、国際政治的に対立関係にある国の問題も自国の政権も分け隔てなく追及するのはごく自然なことだが、権威主義体制では、「御用」という言葉が陳腐化するほどに学術もメディアも国益に寄り添う「マシーン」であることを求められがちだ。人道、環境など普遍的あるいは国際的な価値に立脚した海外メディアの報道まで、「外国からの官民一体の攻撃である」と変換的に解釈されてしまうことがある。

アメリカは人種、経済格差、医療など未解決の政治課題を山のように抱えている。だが、ジャーナリズムが成熟した自由な社会ほど、社会の負の面も相当なボリュームで世界に流布される。歴史家は自国の差別の歴史や外交の失敗と向き合い、ジャーナリストが熱心に暗部をえぐり出す。海外ジャーナリストもアメリカの病理を報じる。対立軸が錯綜するアメリカでは、政治の不作為を告発する主体も見つかりやすい。ワシントンを一歩出れば、草の根の取材活動は驚くほど自由で、海外メディアや研究者に対しても市民は政治への不満を実名で熱く語る。

ハルバースタムが「娯楽」だと酷評したCBS「60ミニッツ」ですら、国によっては即日放送禁止になるほど尖った調査報道を展開してきた。ハリウッドの映画も、コメディやドキュドラマで自国の政権や社会の「ぶざまな姿」を意気揚々と世界に発信し続ける。自国メディアの政権批判や海外プレスの取材が完全に自由ではない社会をアメリカと単純比較するのはフェアではない。私たちが持ちうる外国に関する情報量、否定・肯定のイメージは、当該国のプレスの自由度に依拠しているからだ。

また、国内の政治対立はもう一つの権力監視にもなっている。選挙のたびに相手政党や敵陣営を通じて、政治家はネガティブに描かれる。それがそのまま国際報道に乗る。いかんせん権威主義体制下の指導者とは、情報の流通の仕方も絶対量も異なる。これらの前提を無視した国際比較は説得性に欠けるだろう。

その意味で、本書で論じたのは「憲法修正第一条」の表現の自由を、党派を超えて大切にするアメリカのジャーナリズムの理想における「衰退」であり、他国との比較でのそれではない。本書ではアメリカのメディアの見えにくい諸相を可視化することに焦点を絞った。日本のメディア、政治体制の違う社会のメディアをめぐる考察は、別の機会の執筆でとりくみたい。

アメリカの心臓部に深く入り込みつつも「特定のアメリカ」だけに巻き込まれない距離感を維持したい願望は、私の特殊な「メディア遍歴」「アメリカ遍歴」が関係しているかもしれない。一九七五年生まれの私は、団塊ジュニアと「ロスジェネ」の狭間世代である。メーカーの技術研究所で新製品の開発・試作に従事していた父は海外勤務に縁はなく、私はいわゆる「帰国子女」ではない。ただ、ラジオ好きの我が家では周波数 AM810kHz で入る横田基地発の米軍放送FEN（現在のAFN）がよく流れていて、アメリカのビルボードチャートやトークに親しんだ。

FENの面白さは、アメリカ国内ではありえない異種混淆のパッケージ化にある。リベラルな公共放送NPRの番組の後に保守系「ラッシュ・リンボー」が続き、キリスト教保守的な「フォーカス・オン・ザ・ファミリー」も何が何だかわからないままに聴いた。白人音楽であるカントリーミュージックと黒人ヒップホップが同じチャンネルから鳴り響く。

海外の基地放送は米兵の人種、思想、信仰を網羅する必要がある。軍人は共和党支持と思われがちだが、黒人やマイノリティの多さも特徴で多様性に満ちているからだ。支持政党、人口動態、出身州、今やLGBTまで、反戦平和派以外のすべての属性がいるとされる駐留米兵をリスナーにする放送は、アメリカのリアルな縮図で、まさに同局の往年のキャッチフレーズのようにa touch of home（故郷の感触）だった。

アメリカのメディアに触れるとき、どれか一つのジャンルや番組に凝るとどうしてもアメリカ理解が偏る。その点、FENは保守・リベラル、カウボーイ文化から黒人スラングまで、すべてのアメリカに触れられる格好の窓口だった。毎晩、君が代と合衆国国歌に続き日付が変わる時報のAPニュースを聴いても夜はまだ中盤戦、という夜型の十代を過ごした。ポッドキャストもユーチューブもなかった時代だ。

渡米してシカゴ大学の大学院で研究を始める前、ウィスコンシン州境にあるミネソタ大学の分校の学士課程でコミュニケーション論を学んだ。そのとき政治学の教授が紹介してくれた公共ラジオNPRのインターンでは、天気予報を読み上げる「天気キャスター」から ロケ取材まで何でもさせてくれた。恥ずかしい英語の生放送が一本だけカセットに残っている。ニューヨークやロサンゼルスならそうはいかなかっただろう。小規模の組織のほうが経験を積むには時間の密度が濃くなることを学んだ。

アメリカの政治に扉が開かれた経緯は、拙著『アメリカ政治の現場から』に記したように、複数の偶然が重なった例外だった。同じことをしたいという若い人の相談にも二〇年近く乗り続けてきたが、アメリカの大学で何かの課程をフルタイムで修めた直後でないと、専門性が条件の実務訓練就労許可が下りない。九・一一テロ後に審査が厳格化されている。

そもそも、議会は州への雇用や教育還元を優先する。私もシカゴを擁するイリノイ州選出の議員には共和党でも歓迎されたが、他州議員は基本的に門前払いだった。雑用ではない専門実務をさせてくれる事務所を政党横断で選んだが、この選択が後々ニューヨークの民主党選挙本部での集票対策の仕事にもつながった。関心は一貫して政治過程の実態で、アメリカの特定の政党や政治家のファンになったことはない。

そのアメリカ政治の内部で目の当たりにしたのは、優れた政策提言が政治的な理由でどんどん葬り去られていく現実だった。政策が作動しない理由の大半は政策固有の瑕疵《かし》ではなく、政治的な事情であることを実感し、合意形成や選挙の方に興味が移っていった。シカゴの博士課程に戻らずに実務と研究を両輪で進める方法を模索し、日本のメディアに着地した。

修士口頭試問を終えアメリカで働いてしまっていた私は前例のない存在で、「新卒ではない」「中途入社にも適さない」と就職市場で難民化した。テレビ東京はその年だけ実験的に年齢不問を掲げ、朝日新聞は二九歳まで可と、両社だけが「新卒扱い」で内定をくれた。アメリカのブロードキャスティングと腐れ縁の私は、活字か放送かの二択で放送を選んだ。同期入社にはアナウンサーの大江麻理子、赤平大らがいる。

経済部では「ワールドビジネスサテライト」を経て「WEEKENDサテライト」という「WBS土曜版」の前身である実験的番組の立ち上げを担った。土曜朝の生放送に向け、泊まり込みで映画を撮る「合宿」のような毎週で、映像の撮影と編集の技術が向上したのはこの時期だ。アメリカのドキュメンタリー映画や政治広告の分析でも「自分ならこう撮る、こうつなぐ」という目線は思わぬプラス効果として作用した。

政治部では、総理官邸、外務省、防衛庁、国会野党キャップの担当などを歴任した。途中、北京支局に長期出張扱いで駐在し、北朝鮮の核問題を追った。独自取材で北朝鮮には二回ほど入ったが、一度目はサッカーのワールドカップアジア最終予選の取材中に金日成スタジアムで暴動に巻き込まれ、二度目の滞在中にミサイルが七発飛び、〝ニュースの地雷原〟呼ばわりされた。ミサイル発射後の速報の電話中継をCNNのバーバラ・スター記者が、「平壌発のテレビ東京によると」と世界に報じてくれた。「情報孤島」の平壌で国際社会の感触を摑みかねていた私には、国防総省のアンテナを確認できる心強いエールだった。社会部では、警察庁、宮内庁、国土交通省などを兼務したが、池井戸潤《いけいどじゅん》氏の小説『空飛ぶタイヤ』で知られるリコール隠し事件の取材にのめり込み、横浜支局と組んで捜査当局の着手を「WBS」で独自報道したこともあった。

小規模の会社では幅広い経験を早回しでできる。経済部、政治部、社会部、国際部、複数の番組という「報道グランドスラム」は、他社の先輩記者の言葉をそのまま借りれば「民放でなおかつテレビ東京でないと絶対に無理」だった。マンパワーが他局の数分の一以下で、一人でいくつも兼務するからだ。

官邸では朝夕は官房副長官番、昼間は総理番、総理の夜日程後は官房副長官補番や秘書官番で、「テレビ東京だけ全部番」とか「分身の術」と呼ばれていた。海外支局網や地方系列網が脆弱なので、外務省記者が臨時で海外に飛び、警察庁記者が日本列島各地から事件を報じた。朝出勤したら、突然の電話一本で夜は中東、さらに津波の取材でインドネシアと、パスポートが手放せなかったが、高速回転の濃密経験は大組織の社では難しかっただろう。

その間も年一回の短い休暇だけは弾丸渡米のために聖域化し、聞き取りや非公開資料の収集などアメリカ政治の研究を重ねた。論文を仕上げるまとまった時間が欲しいと悩んでいた頃、コロンビア大学の研究所の招聘、異動内示、シカゴの「オバマ教授」の大統領選挙出馬が同時に到来し、研究への専念に自ずと導かれた。

アメリカ政治を専門とする政治学者として今あるのは様々な方々のご指導のお陰である。博士論文の指導・審査を賜った早稲田大学の吉野孝教授、田中愛治教授、東京大学の久保文明教授には大変お世話になった。すべてのお名前を一人一人記すことはできないが深く感謝申し上げたい。政治・外交、メディアの現場では、民主党・共和党のインサイダー、エスニック社会の指導者たちにアメリカの政治コミュニケーションをめぐる実地の教えを受けた。政治学者の道を貫く私の背中を強く押してくれた彼ら、またテレビ東京の同僚諸氏と各社の記者仲間のほか、広報のプロフェッショナルとの議論にも知的なインスピレーションを受けた。

外務省で女性初の報道課長だった高橋妙子氏もその一人だった。二〇一一年に五十代で惜しくも早逝された。機密保持と知る権利の狭間で「こんな紙じゃプレスはもたない」と情報提供を渋る課の課長を叱り飛ばす一方、メディアの専門性の低下を憂いていた。記者の頻繁な人事異動に批判的で、私が外務省記者クラブを一年で出たとき「これだから日本の民放報道は外交記者が育たない」と嘆き、復帰時には大いに喜んでくれた。外交官以上に外交に詳しい「ディプロマティック・コレスポンデント」の健筆こそが、政治を鍛え世論をミスリードしない鍵と信じていた。氏のようにプレスとの馴れ合いを嫌い、政策論で本気の議論を好む広報の存在もまた、民主主義のもう一つの要であろう。

研究の拠点を授けてくれたハーバード大学国際問題研究所、台湾国立政治大学社会科学学院政治学系・国際事務学院、また北海道大学の同僚諸氏にもお世話になった。視察を快く受け入れてくれたニューヨーク大学、ノースウェスタン大学、ニューヨーク市立大学を始めとしたジャーナリズム大学院の学科長や教授陣にも深謝したい。放送文化基金、高橋信三記念放送文化振興基金、電気通信普及財団の各研究助成にも記してお礼申し上げたい。そして読者の皆さんに本書をお届けできるのは、筑摩書房の山本拓氏の熱意溢れる編集のお陰である。この場を借りて謝意を示したい。

二〇二〇年 夏

渡辺将人

主要引用・参考文献

Anderson, Bonnie M. *NEWS FLASH: Journalism, Infotainment, and the Bottom-Line Business of Broadcast News*. Jossey-Bass, 2004.

Ashley, Seth, Jessica Roberts and Adam Maksl. *American Journalism and "Fake News": Examining the Facts*. ABC-CLIO, 2019.

Axelrod, David. "Reality TV bites: 'The Apprentice' effect aids Trump", cnn. com. March 9, 2016.

Barry, Dave. *Dave Barry Does Japan*. Random House, 1992.（東江一紀訳『デイヴ・バリーの日本を笑う』集英社、1994年）

Baym, Geoffrey. *From Cronkite to Colbert: The Evolution of Broadcast News*. Oxford University Press, 2009.

Brock, David. *The Republican Noise Machine*. Three Rivers, 2004.

Buckley, William F. Jr. *On the Firing Line: The Public Life of Our Public Figures*. Random House, 1989.

Chin, Jean Lau and Daniel Lee. *Who Are the Cantonese Chinese?: New York City Chinatown During the 1940s-1960s*. Createspace Independent Pub, 2015.

Cumings, Bruce. *War and Television*. Verso, 1992.（渡辺将人訳『戦争とテレビ』みすず書房、2004年）

De Leon, Charles L. Ponce. *That's the Why It Is: A History of Television News in America*. University of Chicago Press, 2015.

Edwards, Lee. *William F. Buckley, Jr: The Maker of A Movement*. ISI Books, 2010.

Fallows, James. *Breaking the News: How the Media Undermine American Democracy*. Vintage, 1996.（池上千寿子訳『アメリカ人はなぜメディアを信用しないのか――拝金主義と無責任さが渦巻くアメリカ・ジャーナリズムの実態』はまの出版、1998年）

Friedersdorf, Conor. “The People Behind The Apprentice Owe America the Truth About Donald Trump”, *The Atlantic*. September 19, 2016.

Goldberg, Robert and Gerald Jay Goldberg. *Anchors: Brokaw, Jennings, Rather and the Evening News*. Birch Lane, 1990.（平野次郎訳『トップキャスターたちの闘い――アメリカTVニュース界の視聴率戦争』NTT出版、1991年）

Hirsch, Alan. *Talking Heads: Political Talk Shows and Their Star Pundits*. St. Martin's Press, 1991.

Jones, Jeffrey P. *Entertainning Politics: Satiric Television and Political Engagement, Second Edition*. Rowman & Littlefield, 2010.

Judis, John. *William F. Buckley, Jr.: Patron Saint of the Conservatives*. Simon & Schuster, 1988.

Koppel, Ted and Kyle Gibson. *Nightline: History in the Making and the Making of Television*. Times Book, 1996.

Kurtz, Howard. *Hot Air: All Talk All the Time*. Basic Books, 2007.

Letukas, Lynn. *Primetime Pundits: How Cable News Covers Social Issues.* Lexington Books, 2014.

Levitsky, Steven and Daniel Ziblatt. *How Democracies Die*. Crown, 2018.（濱野大道訳『民主主義の死に方――二極化する政治が招く独裁への道』新潮社、2018年）

Lippmann, Walter. *Public Opinion*. MacMillan, 1954（1922）.（掛川トミ子訳『世論』岩波文庫、1987年）

McCombs, Maxwell. *Setting the Agenda:* 2nd Edition. Polity, 2014.（竹下俊郎訳『アジェンダセッティング――マスメディアの議題設定力と世論』学文社、2018年）

Momen, Mehnaaz. *Political Satire, Postmodern Reality, and the Trump Presidency: Who Are We Laughing At?* Lexington, 2019.

Muto, Joe. *An Atheist in the Foxhole: A Liberal's Eight-Year Odyssey Inside the Heart of the Right-Wing Media*. Plume Book, 2013.

Newton, Eric ed. *Crusaders, Scoundrels, Journalists: The Newseum's Most Intriguing Newspeople*. Times Books, 1999.
Nimmo, Dan and James E. Combs. *The Political Pundits*. Praeger, 1992.
Schechter, Danny. *The More You Watch the Less You Know*. Seven Stories, 1999.
Schlesinger, Arthur M. Jr. *The Disuniting of America: Reflections on a Multicultural Society*. Norton, 1992.（都留重人監訳『アメリカの分裂――多元文化社会についての所見』岩波書店、1992年）
Scott, Gini Graham. *The Talk Show Revolution*. ASJA Press, 2008.
Stahl, Lesley. *Reporting Live*. Simon & Schuster, 1999.
Wild, Nickie Michaud. *Dubious Pundits: Presidential Politics, Late-Night Comedy, and the Public Sphere.* Lexington, 2019.
Zha, Xiaojian. *The New Chinese America: Class, Economy, and Social Hierarchy*. Rutgers University Press, 2010.
Zhou, Min and Guoxuan Cai. "Chinese Language Media in the United States: Immigration and Assimilation in American Life", *Qualitative Sociology*, Vol. 25, No.3, Fall 2002.
会田弘継『追跡・アメリカの思想家たち』新潮選書、2008 年
何義麟『台湾現代史――二・二八事件をめぐる歴史の再記憶』平凡社、2014 年
木村太郎編『テレビはニュースだ NHK「ニュースセンター 9 時」の 24 時間』太郎次郎社、1985 年
清原聖子、前嶋和弘編『インターネットが変える選挙――米韓比較と日本の展望』慶応義塾大学出版、2011 年
久保文明「欧米に見る「政治」と「知」――米国政治における政策知識人」筒井清忠編『政治的リーダーと文化』千倉書房、2011 年
久米宏『久米宏です。――ニュースステーションはザ・ベストテンだった』世界文化社、2017 年

清水克彦『ラジオ記者、走る』新潮新書、2006年
谷藤悦史『現代メディアと政治――劇場社会のジャーナリズムと政治』一藝社、2005年
中山俊宏『アメリカン・イデオロギー――保守主義運動と政治的分断』勁草書房、2013年
西川賢『ビル・クリントン――停滞するアメリカをいかに建て直したか』中公新書、2016年
西山隆行『移民大国アメリカ』ちくま新書、2016年
平野次郎『テレビニュース』主婦の友社、1989年
前嶋和弘『アメリカ政治とメディア――「政治のインフラ」から「政治の主役」に変貌するメディア』北樹出版、2010年
吉野孝「アメリカの連邦公職選挙における選挙運動手段の変化と政党の対応」『選挙研究』26巻1号、2010年
渡辺将人『アメリカ政治の現場から』文春新書、2001年
渡辺将人『見えないアメリカ――保守とリベラルのあいだ』講談社現代新書、2008年
渡辺将人『現代アメリカ選挙の変貌――アウトリーチ・政党・デモクラシー』名古屋大学出版会、2016年
渡辺靖『〈文化〉を捉え直す――カルチュラル・セキュリティの発想』岩波新書、2015年
（新聞・雑誌は一部に限定し、邦訳がある英語文献は邦訳版の訳に概ね依拠した。また、文献明示のない本文中の引用は、著者のインフォーマントへの聴き取りによる。）

出典一覧

写真1：CNN画面より
写真2：テキサス大学アーカイブスより
写真3：著者撮影

写真4：CBS放送画面より
写真5：*Crusaders, Scoundrels, Journalists* より
写真6：*Crusaders, Scoundrels, Journalists* より
写真7：*Crusaders, Scoundrels, Journalists* より
写真8：著者撮影
写真9：Photo by mark peterson／Corbis via Getty Images
写真10：スタンフォード大学「ファイアリング・ライン」アーカイブスより
写真11：米議会図書館アーカイブスより
写真12：FOXニュース画面より
写真13：MSNBC画面より
写真14：DVDパッケージ（シーズン1）より
写真15：映画ポスター（英国公開版）より
写真16：「ピープル」誌1979年5月号
写真17：米議会図書館アーカイブスより
写真18：コメディ・セントラル画面より
写真19：同番組を報道したCNN画面より
写真20：CBS「レイトショー」画面より
写真21：コメディ・セントラル画面より
写真22：*Crusaders, Scoundrels, Journalists* より
写真23：AP／アフロ
写真24：著者所蔵
写真25：著者所蔵
写真26：著者所蔵
写真27：著者撮影
写真28：著者撮影
写真29：著者撮影
写真30：著者所蔵
写真31：twitter画面より

ちくま新書
1518

メディアが動《うご》かすアメリカ
――民主政治《みんしゅせいじ》とジャーナリズム

二〇二〇年九月一〇日　第一刷発行

著者　渡辺将人（わたなべ・まさひと）

発行者　喜入冬子
発行所　株式会社　筑摩書房
東京都台東区蔵前二-五-三　郵便番号一一一-八七五五
電話番号〇三-五六八七-二六〇一（代表）
装幀者　間村俊一
印刷・製本　三松堂印刷　株式会社

ISBN978-4-480-07339-6 C0231

ちくま新書

1331
アメリカ政治講義
西山隆行
アメリカの政治はどのように動いているのか。その力学を歴史・制度・文化など多様な背景から解説。アメリカン・デモクラシーの考え方がわかる、入門書の決定版。

1193
移民大国アメリカ
西山隆行
止まるところを知らない中南米移民。その増加への不満がいかに米国社会を蝕みつつあるのか。米国の移民問題の全容を解明し、日本に与える示唆を多角的に分析する。

1499
避けられた戦争
——一九二〇年代・日本の選択
油井大三郎
なぜ日本は国際協調を捨てて戦争へと向かったのか。国際関係史の知見から、一九二〇年代の日本に本当は存在していた「戦争を避ける道」の可能性を掘り起こす。

1311
アメリカの社会変革
——人種・移民・ジェンダー・LGBT
ホーン川嶋瑤子
「チェンジ」の価値化——これこそがアメリカ文化の柱である。保守とリベラルのせめぎあいでダイナミックに動く、平等化運動から見たアメリカの歴史と現在。

1449
インディアンとカジノ
——アメリカの光と影
野口久美子
ラスベガスを上回る、年間3兆円のビッグ・ビジネスはなぜ生まれたのか。インディアンの歴史を跡づけ、その意義となおも残る困難を明らかにする。

1376
はじめてのアメリカ音楽史
ジェームス・M・バーダマン
里中哲彦
ブルーズ、ジャズ、ソウル、ロックンロール、ヒップホップ……ルーツから現在のアーティストまで、その歴史を徹底的に語りつくす。各ジャンルのアルバム紹介付。

980
アメリカを占拠せよ！
ノーム・チョムスキー
松本剛史訳
アメリカで起きつつある民衆の自発的蜂起が止まらない。金持ちから社会を奪還できるか。連帯は可能か。政治に絶望するのはこの本を読んでからでも遅くない！

ちくま新書

935
ソ連史
松戸清裕
二〇世紀に巨大な存在感を持ったソ連。「冷戦の敗者」「全体主義国家」の印象で語られがちなこの国の内実を丁寧にたどり、歴史の中での冷静な位置づけを試みる。

1019
近代中国史
岡本隆司
中国とは何か？ その原理を解く鍵は、近代史に隠されている。グローバル経済の奔流が渦巻きはじめた時代から、激動の歴史を構造的にとらえなおす。

1147
ヨーロッパ覇権史
玉木俊明
オランダ、ポルトガル、イギリスなど近代ヨーロッパ諸国の台頭は、世界を一変させた。本書は、軍事革命、大西洋貿易、アジア進出など、その拡大の歴史を追う。

1278
フランス現代史　隠された記憶
——戦争のタブーを追跡する
宮川裕章
第一次大戦の遺体や不発弾処理で住めない村。第二次大戦の対独協力の記憶。見捨てられたアルジェリアのフランス兵アルキ……。等身大の悩めるフランスを活写。

1335
ヨーロッパ　繁栄の19世紀史
——消費社会・植民地・グローバリゼーション
玉木俊明
第一次世界大戦前のヨーロッパは、イギリスを中心に空前の繁栄を誇っていた。奴隷制、産業革命、蒸気船や電信の発達……その栄華の裏にあるメカニズムに迫る。

1364
モンゴル人の中国革命
楊海英
内モンゴルは中国共産党が解放したのではない。草原の民は清朝、国民党、共産党といかに戦い、敗れたのか。日本との関わりを含め、総合的に描き出す真実の歴史。

1258
現代中国入門
光田剛編
あまりにも変化が速い現代中国。その実像を政治史、文化、思想、社会、軍事等の専門家がわかりやすく解説。歴史から最新情勢までバランスよく理解できる入門書。

ちくま新書

1262
分解するイギリス
――民主主義モデルの漂流
近藤康史
EU離脱、スコットランド独立――イギリスは政治の機能不全で分解に向かいつつある。もはや英国議会政治は民主主義のモデルたりえないのか。危機の深層に迫る。

1327
欧州ポピュリズム
――EU分断は避けられるか
庄司克宏
反移民、反グローバル化、反エリート、反リベラルが世界を席巻！　EUがポピュリズム危機に揺れる理由は、その統治機構と政策にあった。欧州政治の今がわかる！

1345
ロシアと中国　反米の戦略
廣瀬陽子
孤立を避け資源を売りたいロシア。軍事技術が欲しい中国。米国一強の国際秩序への対抗……。だが、中露蜜月の舞台裏では熾烈な主導権争いが繰り広げられている。

1477
EU離脱
――イギリスとヨーロッパの地殻変動
鶴岡路人
ついに離脱を現実のものとしたイギリスが失うものとはなにか？　一枚岩になれないEUはどうなるのか？　なお問題山積のヨーロッパの現在を最も正確に論じる。

1512
香港とは何か
野嶋剛
選挙介入や国家安全法の導入決定など、中国の横暴がすさまじい。返還時の約束が反故にされた香港。若者中心の抵抗運動から中米対立もはらむ今後の見通しまで。

1185
台湾とは何か
野嶋剛
国力において圧倒的な中国・日本との関係を深化させる台湾。日中台の複雑な三角関係を波乱の歴史、台湾の社会・政治状況から解き明かし、日本の針路を提言。

1498
香港と日本
――記憶・表象・アイデンティティ
銭俊華
二〇一九年から続くデモ、中国大陸の同化政策、日本のサブカルチャーの受容や大日本帝国の記憶……香港出身の研究者が香港の現在と「日本」を考察する。